ÉTAT

DES

COMMUNAUTÉS RURALES

DU

MÉNIL ET DE DEMRUPT

à la veille

DE LA RÉVOLUTION DE 1789

PAR

M. DUPAYS
INSTITUTEUR AU MÉNIL-THILLOT

NOTICE HONORÉE D'UNE MÉDAILLE DE BRONZE OFFERTE PAR LE CONSEIL GÉNÉRAL ET LA SOCIÉTÉ D'EMULATION

ÉPINAL
IMPRIMERIE BUSY, HUGUENIN, SUCCESSEUR, 8, RUE D'AMBRAIL

1893

ÉTAT

DES

COMMUNAUTÉS RURALES

DU

MÉNIL ET DE DEMRUPT

à la veille

DE LA RÉVOLUTION DE 1789

PAR

M. DUPAYS
INSTITUTEUR AU MÉNIL-THILLOT

Notice honorée d'une Médaille de Bronze offerte par le Conseil Général et la Société d'Emulation

ÉPINAL
IMPRIMERIE BUSY, HUGUENIN, SUCCESSEUR, 8, RUE D'AMBRAIL

1893

ÉTAT

DES

COMMUNAUTÉS RURALES DU MÉNIL ET DE DEMRUPT

à la veille de la Révolution de 1789

Nom de la communauté, sa situation géographique, sa description. — En 1789, la commune actuelle du Ménil comprenait les communautés du Ménil et de Demrupt, situées dans la partie sud-est de la Lorraine. Elles étaient limitées au nord par la communauté de Travexin ; à l'est, par celles de Ventron et de Bussang ; au sud, par celles de Fresse et de Ramonchamp, et à l'ouest, encore par celle de Ramonchamp et par celle de Saulxures-sur-Moselotte.

Dans le cahier des plaintes et doléances de la paroisse du Ménil, on trouve la description suivante qui donne une idée exacte, quoique incomplète et exagérée, de la topographie de la communauté :

« La paroisse du Ménil est reculée dans un coin des montagnes de « la vôge voisin du fameu Ballon qui est pour ainsi dire toujours cou- « vert de neige, et par conséquent dans le climat le plus sauvage et « le plus froid de toute la France sans doute, les hivers y durent « ordinairement six ou sept mois, la neige, qui tombe dès le mois « d'octobre, couvre souvent la terre jusqu'à la fin de may et même « quelquesfois davantage : cependant les habitants sont fort à l'étroit « entre les rochers et les précipices, presque sans aucuns commerces, « éloignés des routes, leurs terres sont fort stériles, remplies de cot- « teaux sans aucune pleines, ce qui fait que les terres sablonneuses « dans la fonte des neiges et les pluyes longues se ravinent, les « terres labourables sont entraînées à la descente, les prés couverts de « graviers sont dépourvus de toutes récoltes pour plusieurs années, les « terrains ne présentent pour la pluspart que l'aspect de terres dénu- « dées couvertes de pierres et rochers que l'eau n'a put enlever. » (1)

---

(1) Cette citation, et toutes les autres qui suivent, sont la reproduction fidèle de la forme, de l'orthographe et de la ponctuation des textes originaux.

I. — ÉTAT DES PERSONNES

CLERGÉ

PAROISSE ; VICARIAT

La paroisse du Ménil fut érigée, en septembre 1735, dans les circonstances suivantes :

Les habitants des communautés du Ménil et de Demrupt, se fondant sur leur éloignement de l'église paroissiale de Ramonchamp, (deux à trois lieues) ; sur la rigueur des hivers ; sur les difficultés que rencontraient les vieillards, les enfants et les infirmes pour « *seconder leur piété et remplir leurs devoirs de chrétiens* », ainsi que le curé ou ses vicaires pour visiter et *administrer* les malades, formèrent le projet de poursuivre la désunion de leurs hameaux avec l'église matrice et de les ériger en cure.

Le 11 avril 1733, ils autorisèrent deux d'entre eux, Pierre Laurent et Luc Noël, à faire des démarches dans ce but. Lesdits habitants s'engageaient à construire une église et un presbytère, et à « *fournir à la portion congrue, si les dixmes étaient insuffisantes.* »

Mgr l'évêque de Toul, par un décret en date du 28 août 1733, décida qu'il serait procédé, dans la quinzaine, à une enquête de *commodo* et *incommodo.*

Mais le sieur Corizot, curé de Ramonchamp, opposé à ce projet, employa tous les moyens pour le faire échouer. Il pouvait d'autant plus facilement réussir qu'il avait affaire à des gens simples et crédules. En effet, les habitants des communautés du Ménil et de Demrupt, « *élevés et nourris dans des hameaux détachés, et* « *granges éparses, presque hors du commerce des hommes,* « *ont l'avantage de perpétuer dans leur famille une grande* « *pureté de mœurs ; la simplicité étant une compagne fidelle* « *de toutes leurs actions, tel est et a toujours été leur carac-* « *tère.* »

Aussi trouva-t-il le secret d'attirer chez lui douze habitants des dites communautés, au nombre desquels se trouvaient les deux procureurs fondés. Il les gagna tous par ses caresses et par la crainte qu'il leur inspira, en les menaçant d'un procès considérable. Il leur fit ensuite accepter et signer, le 12 septembre 1733, une transaction, rédigée par un notaire de Remiremont, « *affidé et parent du sieur curé, au mépris des deux notaires qui sont sur les lieux.* » Ce notaire y « *stipula tout ce qui lui fut suggéré.* »

Ladite transaction contenait, en outre, les clauses suivantes :

Aussitôt que l'église serait en état, le sieur Corizot, tant pour lui-même que pour ses successeurs, s'obligeait à la desservir, jusqu'à ce qu'il y eût nommé (?) ou fait nommer un prêtre, non un curé, mais un vicaire résident, à la condition qu'il percevrait de ce chef cent cinquante livres. Il devait y célébrer le service divin les jours de fêtes et de dimanches, y baptiser les enfants et y donner la bénédiction aux femmes *après leurs couches*, moyennant la rétribution d'un franc, outre les « *casualités ordinaires.* »

Après la nomination d'un vicaire résident, le sieur curé ne réclamerait plus qu'une somme de cinquante livres pour la voiture de bois que chacun était obligé de lui fournir à la Saint-Martin. Malgré ce payement de cinquante livres, les habitants du Ménil et de Demrupt seraient néanmoins obligés de délivrer cette voiture de bois à leur vicaire résident.

Ceux-ci devaient payer, annuellement et par quartier, une somme de deux cents livres pour la pension de leur prêtre, outre la totalité du casuel, et se trouveraient ainsi déchargés envers le curé de Ramonchamp.

Ils restaient aussi attenus de participer à l'entretien de l'église et du presbytère de Ramonchamp, tant *et si longtemps qu'on ne célébrerait pas la messe au Ménil*, c'est-à-dire jusqu'au jour où, après avoir construit leur église et leur maison de cure, ils seraient pourvus d'un vicaire résident.

Enfin, il était convenu que la dîme, auxdits lieux du Ménil et de Demrupt, serait perçue par les décimateurs comme auparavant.

Cette transaction, injuste et préjudiciable aux habitants du Ménil, donna lieu à un procès considérable et long.

Ils prétendaient, avec raison, que les douze signataires de la transaction du 12 septembre 1733 n'avaient pu engager les autres chefs de famille, au nombre de cent, ni eux-mêmes, puisqu'ils n'avaient pas de procuration pour accepter un acte aussi important, d'autant plus que ladite transaction était contraire « *à la disposition des Saints Canons* » et du droit commun, suivant lesquels la pension des vicaires est à la charge des curés décimateurs. Or, d'une part, le curé de Ramonchamp continuait à percevoir la dîme, conformément à la réserve qu'il avait fait inscrire dans ladite transaction, et, d'autre part, les paroissiens du Ménil étaient attenus de payer annuellement la portion congrue du traitement de leur vicaire résident, ainsi qu'une somme de cinquante livres audit curé de Ramonchamp.

De plus, les habitants de Ramonchamp, qui n'avait pas accédé à cette transaction, refusaient d'accepter la décharge qui y était stipulée en faveur des habitants du Ménil et de Demrupt, au sujet de leur part de réparations, d'entretien de l'église matrice, de la maison curiale et d'école. Au contraire, ils prétendaient que ceux-ci demeureraient perpétuellement assujettis auxdits entretien et réparations.

Enfin, les habitants du Ménil arguaient que les communautés étant mineures, elles *peuvent se faire relever lorsqu'elles sont lésées.*

Ce procès, ainsi engagé, ne fut terminé que le 27 mai 1744, par la cour souveraine de Lorraine et de Bar, jugeant en appel.

Les parties furent mises au *même* et *semblable* état qu'elles étaient avant l'acte en forme de transaction, en date du 12 septembre 1733, laquelle fut déclarée nulle et « *comme non avenue.* »

En conséquence, les paroissiens du Ménil furent déchargés de payer au sieur Dogeron, successeur de M. Corizot, curé de Ramonchamp, les cinquante-*cinq* livres énoncées audit article, ainsi que les deux cents livres pour la pension de leur vicaire.

Pour son injuste refus, M. Dogeron fut condamné aux dépens, tant des causes principales que d'appel, le tout *sans prendre réponse dudit M. Dogeron.* Les frais s'élevaient à la somme de sept cent treize francs un gros.

L'église du Ménil, dont la première pierre avait été bénie par le curé de Ramonchamp, le 30 mars 1734, fut terminée en septembre 1735, et la première messe y fut célébrée le 21 dudit mois de septembre de la même année.

DIOCÈSE, ARCHIDIACONÉ, DOYENNÉ DONT DÉPEND LA PAROISSE

En 1777, un siège épiscopal ayant été créé dans les Vosges, la paroisse du Ménil dépendait, en 1789, du diocèse de Saint-Dié, de l'archidiaconé des Vosges et du doyenné de Remiremont.

NOMINATION AU VICARIAT DU MÉNIL, DROIT DE PATRONAGE

Nous n'avons trouvé, dans les archives antérieures à 1789, aucune nomination de curé. Les archives déposées à l'église dans un coffre-fort, dont il sera question au sujet du procès Jardot, ayant été soustraites, il y a quelques années, nous n'avons aucune donnée certaine au sujet des nominations des vicaires résidents du Ménil.

Néanmoins, nous pouvons dire qu'ils étaient nommés par l'évêque de Toul jusqu'en 1777, époque de la création de l'évêché de Saint-Dié, puis, à partir de cette date, par celui de Saint-Dié.

Il est à peu près certain que le curé de Ramonchamp, doyen du doyenné de Remiremont, dès lors que la paroisse du Ménil n'était desservie que par un vicaire résident, avait le droit de patronage, c'est-à-dire de présenter un candidat, bien que l'église eût été construite exclusivement aux frais des habitants.

Ce qui tendrait à le prouver, ce sont les termes mêmes dont s'était servi le curé de Ramonchamp, dans la transaction du 12 septem-1733. Aussitôt l'église du Ménil construite et en état, il s'engageait à la desservir « jusqu'à ce *qu'il y eût nommé*? ou *fait nommer* un prêtre. »

Le premier desservant du Ménil fut précisément un des vicaires de Ramonchamp, le sieur Claude Abel, qui assistait à la bénédiction de la première pierre de l'église. A son départ, qui eut lieu vers la fin d'août 1737, — le dernier acte de l'état civil, une naissance, rédigé par lui, porte la date du 27 août 1737, — il laissa d'excellents souvenirs parmi ses ouailles. Celles-ci déclarèrent qu'elles avaient été comblées de grâces abondantes par suite de ses missions ferventes et salutaires, mais qu'aussitôt qu'elles en avaient été séparées, elles avaient perdu avec lui « *toute sorte de consolaons* ».

Son successeur fut l'abbé Jardot, Pierre-Léopold. Le premier acte de l'état civil, une naissance aussi, rédigée par lui, porte la date du 3 septembre 1737. Le sieur Jardot ne tarda pas à être mal vu de la population qui, dans une requête, demandait son départ à Mgr l'évêque de Toul, novembre 1737, après avoir exposé les principaux griefs qu'elle lui reprochait, sans parler de beaucoup d'autres que *le respect qu'elle avait pour sa grandeur l'obligeait de taire.*

Il était accusé notamment de ne pas s'humaniser jusqu'à supporter avec patience et douceur les défauts d'un peuple *peut-être trop grossier de la Vosge*; de *pindariser* toujours, de ne *vaporer* que des reproches amers de ce qu'on ne lui répondait pas de même ; de charger publiquement d'opprobe et de confusion, surtout la jeunesse, lente à résoudre les questions qu'il pose ; de faire retentir la chaire de vérité de ses menaces ; de se flatter de tenir ses paroissiens sous sa dépendance par la confession, en la refusant arbitrairement, ou en ne permettant pas d'*implorer ailleurs ce secours spirituel* ;

de défendre à quelques-uns de passer le seuil de sa porte et même de paraître sous ses yeux ; de lenteur dans l'administration des sacrements, dont les suites avaient été funestes à plusieurs qui étaient morts sans *cette nourriture si nécessaire pour l'éternité*. Bref, il était accusé de ne posséder aucune des qualités requises pour former le bon pasteur.

Le même Jardot ayant menacé de ne plus annoncer au prône les messes de fondation et les indulgences accordées par les bulles et brefs, si on ne lui remettait pas les titres de l'église, le tribunal de Remiremont délibère qu'il faut rappeler au curé que ces titres doivent être enfermés dans un coffre-fort à trois serrures. Une clef sera confiée audit curé, la seconde au marguillier et la troisième à un notable après que l'inventaire des pièces, renfermées dans le coffre, aura été vérifié.

L'abbé Jardot fut remplacé par le sieur Dominique Claudel, au mois d'août 1759 seulement ! Le premier acte de l'état civil, rédigé par celui-ci, porte la date du 14 août 1759.

En 1789, le vicaire résident Claudel était président de l'assemblée municipale de la paroisse du Ménil. Les réunions de cette assemblée avaient lieu généralement dans la maison de son président, c'est-à-dire à la cure, bien qu'il y eût une maison commune (école). Il avait donc, de ce chef, une grande influence dans l'administration de la communauté.

Au sujet du serment qu'il devait prêter à la constitution civile du clergé, nous trouvons le procès-verbal suivant, que nous reproduisons en entier, avec la plus scrupuleuse exactitude :

« Cejourd'hui vingt-trois janvier mil sept cens quatre-vingt onze,
« les maires, officiers municipaux, procureurs de la commune, no-
« tables et greffier formant le Conseil général de la commune de la
« Municipalité du Ménil, assemblé au sortir de la messe paroissiale,
« sur les onze heures et demie, ont dressé le procès-verbal dont
« s'ensuit :

« L'an mil sept cens quatre-vingt onze à lissuë de la messe par-
« roissiale ditte et célébré dans Leglise du Ménil distrites de Remi-
« remont quanton du Thillot et Lorsque Les officiers municipaux
« présidés par M. Le Maire Les notables et greffier et Lassemblé des
« fidel présanté dans Leglise du Menil ; Le s[r] Dominique Claudel
« vicaire récidant décervant laditte église est comparu aux balustre
« du cœur ou il a renouvellé La déclaration ci-jointe faite à La
« Municipalité jeudy dernier de vouloire pretter le sairmens voulu

« par le décret de Lassanblé nationnal du 27 novembre dernier
« Sanctionné le 26 décembre suivant sous les restriction y énoncée ;
« en effet le dit s[r] Claudel la main sur la poitrine La fasse tourné
« vers le peuple il a juré solennellement d'être fidelle à la nation au
« roi et à la loi en tout ce qui seroit point contraire à la Religion
« Catholique, apostolique et romaine, mais qu'il ne pouvait adherer
« à la Constitution civille du clairgé que sous les même quondition,
« parce qu'il devoit randre à Cesar ce qui appartien à Cesar et à
« Dieu ce qui appartien à Dieu, et qu'il faut obéir à Dieu plus tôt
« qu'au homme ; puis il s'est retiré. C'est pourquoi nous nous
« sommes randu à linstant a la maison commune ou nous avons
« dressé le présent procet verballe pour La minutte rester dans Le
« registre de La municipalité et un double être anvoyé à MM. du
« directoire du districts de remiremont pour servir et valoire ce
« qu'au qua appartiendra fait en conseille généralle de La commune
« du Ménil Les an et jour susdit.

« Ont signé : C. N. Peltier, maire ; D. Chevrier, officier muni-
« cipal ; J. Mourot, id. ; N. Peltier, id. ; Jean Pierre Philippe, id. ;
« B. Philippe, id. ; Remy Philippe, procureur ; Jean Nicolas Peltier,
« notable ; D. Colle, id ; J. J. Colle, id. ; R. Chevrier, id. ; Pierre
« Louis, id., et N. Briot, secrétaire greffier. »

Voici également la déclaration, signée par l'intéressé, du vrai sens de la prestation du serment du vicaire du Ménil, canton du Thillot :

« Je soussigné, vicaire du Ménil, jure de remplir avec exactitude
« mes fonctions, tant que je resterai vicaire audit lieu, d'être fidele à
« La nation, au Roi, à la loi, en tou ce qui ne sera point contraire
« a la religion catholique, apostolique et romaine, et de maintenir
« de tout mon pouvoir la constitution decretée par l'assemblée na-
« tional, et acceptée par le Roi ; en tout ce qui concerne le civil et le
« temporel : adherant aux decisions et sentiments de l'église pour ce
« qui regarde les objets spirituels. »

« Signé D. Claudel, prêtre vic. résidant. »

A partir de ce moment, les réunions de l'assemblée municipale n'ont plus lieu qu'à la maison commune, et M. Claudel semble ne plus exercer d'action ni d'influence sur les affaires communales.

L'abbé Claudel, poursuivi comme prêtre réfractaire, quitta Le Ménil à la fin d'août 1791. Il fut arrêté à Plombières le 17 germinal, an 2, par le comité de surveillance, comme « *garçon roulant sans domicile fixe* ». Il déclara se nommer Dominique-Nicolas Claudel, être âgé de soixante et quelques années et originaire de La Bresse. Il était inscrit sur le second cahier de la lettre C., de la liste générale des émigrés, sous la dénomination suivante : *Claudel vicaire de Ménil district de Libremont département des Vosges.*

Conduit à Mirecourt, il y subit des interrogatoires, les 20 et 21 du même mois, qui prouvèrent son identité et son refus de prêter le serment prescrit par l'article 39 du décret du 21 juillet 1790, et par le décret du 27 novembre suivant. Il prétendit être encore dans le délai voulu pour justifier de sa résidence en France. Dans ce but, et aussi pour se faire rayer de la liste des émigrés, il présenta une pétition à l'administration du département, mais elle fut rejetée.

Remy Louis, Nicolas Peltier, membres du comité de surveillance de la commune du Ménil, et Jean Philippe, officier de la garde nationale du même lieu, dont le civisme est attesté, cités comme témoins, à la réquisition de l'accusateur public, déposèrent publiquement à l'audience, en présence de deux commissaires du Conseil général de la commune de Mirecourt. Ils affirmèrent que Dominique Claudel, présent à la barre, « *est le même Individu qui celuy qui Etoit cy* « *devant vicaire du Ménil dont l'Emigration est constatée par* « *la Liste générale des Emigrés.* » Voici un extrait du jugement :

« L'accusateur public entendu sur l'application de la loi ; *Le Tri-* « *bunal condamne ledit Dominique Claudel à* La Peine de « Mort, conformément aux articles LXXVI, LXXVII, LXXVIII, de « la Loy du vingt-huit mars mil sept cent quatre-vingt-treize, et qui « sont ainsi conçus : Art. LXXVI. « Les Emigrés qui rentreront, ceux « qui sont rentrés, ceux qui resteront sur le territoire de la Répu- « blique contre la disposition des loix seront conduits par devant le « tribunal criminel du département de leur dernier domicil en france « qui les fera mettre à la maison de justice. Art. LXVII. L'accusa- « teur public fera citer des personnes dont le civisme sera certifié au « moins au nombre de deux de La commune du domicil de Laccusé, « ou à leur deffaut, Des Lieux circonvoisins, pour faire Reconnaître « sy le prevenu est la meme personne que celle dont l'émigration « est constatée par la liste des émigrés, ou par les arrettés des corps « administratifs. Art. LXVIII. Les témoins cités seront entendus « publiquement à l'audiance et toujours en présence de deux com- « missaires du conseil général de la commune du lieu ou le tribunal « est étably, le prévenu comparaîtra devant les témoins et s'ils af- « firment l'identité, Les juges du tribunal condamneront l'émigré à « la peine de mort, ou à la déportation sil s'agit d'une femme de « vingt-un ans et au-dessous jusqu'à quatorze ans.

« Ordonne que le présent jugement sera mis en exécution dans les « vingt-quatre heures à la diligence de l'accusateur public confor- « mément à l'art. LXXIX de la même loi et qu'il sera imprimé et « affiché dans toute l'étendue du département ;

« Déclare les biens dudit Dominique Claudel acquis à la Républi- « que conformément à l'art. 1er de la ditte loi, *fait à Mirecourt le « vingt-quatre germinal an deux de la République française « une et indivisible* en l'audiance du tribunal où étaient présents « Christophe Dieudonné, président, Joseph Floriot, Jean-François « Thiéry et Alexis Mathis, le dernier juge du tribunal du district de « Mirecourt remplaçant Claude-Joseph Corbion l'un des juges du « tribunal criminel absent qui ont signés la minutte du présent juge- « ment. Signé à la ditte minute Dieudonné, Floriot, Thiéry et « Mathis.

« Au nom de la République française,

« Il est ordonné à touts huissiers sur ce requis de mettre ledit « jugement à exécution à touts commandants et officiers de la force « publique de pretter main forte lorsqu'ils en seront légalement « requis, et aux commissaires nationaux près des tribunaux d'y « tenir la main, en foy de quoi le présent jugement muni du seau « du tribunal a été signé par le président et par le greffier. »

« Ont signé : « Dieudonné, Ponier »

Ainsi finit et fut exécuté Dominique Claudel, ancien prêtre vicaire résident de la paroisse du Ménil.

ÉVALUATION DES BIENS ET REVENUS (CENS, DIMES) DE LA PAROISSE

Dans les déclarations des habitants du Ménil, relatives à la contribution foncière, déclarations faites en février 1784, conformément à l'ordonnance de leurs seigneurs de la Chambre des comptes de Lorraine, rendue le 14 juillet 1781, nous trouvons celle du sieur Peltier, manœuvre, demeurant aux Granges, finage du Ménil, qui déclare posséder 7 jours de *prez*, mauvaise qualité et en partie aride et sauvage, *chargez* d'un capital de quinze cents francs barrois, dont la rente annuelle est de 32 livres 2 sols 6 deniers, envers l'église du Ménil, confirmé par lettre d'amortissement de feu sa majesté *Polonoise*. Le revenu de ce *prez* était évalué à 3 livres 10 sols, à raison de 10 sols le jour.

Nous voyons également que le nommé Alexis Louis, boulanger, demeurant devant l'église du Ménil, déclare posséder deux jours de pré médiocre, 2 jours de marais, 3 jours de pré, terre mauvaise, marécageuse, exposés à toute heure à être ravinés par les eaux qui les couvrent souvent, et 7 hommées 14 verges de labourage, terre simple, où il faut beaucoup d'engrais. Ces biens sont grevés de la rente d'un capital de treize cents livres de Lorraine au profit de la fabrique de l'église paroissiale. Le montant de la rente n'est pas indiqué. Ledit sieur Louis termine en priant ses seigneurs de la Chambre des comptes de lui diminuer et faire remettre le vingtième de cette rente, ou de lui donner avis du parti qu'il doit prendre à cet égard. Il évalue le revenu de ses propriétés à 4 livres.

Enfin, nous constatons que le sieur Nicolas-Joseph Févey, manœuvre, demeurant à la Maladière, finage du Ménil, déclare posséder 6 jours 6 hommées de pré, toujours de qualité mauvaise et médiocre, et un jour 3 hommées de terres labourables, terre simple ou médiocre, sur lesquels il paie une rente annuelle de cinquante francs à l'église du Ménil (1). En comptant la rente payée par Alexis Louis au même taux que celle due par André Peltier, taux peu élevé, un peu plus de 2 p. 0/0, — nous arrivons à un revenu total annuel de 109 livres 17 sols 6 deniers au profit de l'église.

La paroisse ne percevait pas de dîmes. Au contraire, elle payait annuellement, de ce chef, plus de mille livres au curé de Ramonchamp, sans compter la dîme de pommes de terre, laquelle était considérable.

Le curé de Létraye (Ramonchamp) recevait, chaque année, plus de 6,000 livres de dîmes. C'était un revenu très important pour l'époque, revenu auquel il faut ajouter le traitement fixe, et le casuel qui était élevé.

TRAITEMENT FIXE DU CURÉ

Le 18 août 1736, le sieur Nicolas Noël vendait à la communauté du Mesnil une bande de pré, située à la Malcoste, contenant environ quatre charrées de foin, moyennant la somme de huit cent vingt-cinq francs, monnaie de Lorraine, *pour parvenir à faire un fond pour la pension du sieur Claude Abel, prestre vicaire résidant audit Mesnil.* La charrée valait environ 1 jour, soit 20 ares.

Il est plus que probable que les autres revenus de l'église ou de la

---

(1) Il estime le revenu de son terrain à la somme de 4 livres 14 sols, sur lesquels il paye 15 sols de cens au roi.

fabrique, revenus que nous venons d'énumérer, étaient destinés, comme celui-ci, à payer la pension ou traitement fixe de deux cents francs du vicaire résident, et que la paroisse du Ménil fut obligée de lui fournir jusqu'en mai 1744.

CASUEL FIXE DU CURÉ

A l'origine de la paroisse, un certain nombre de fondations furent créées au profit de l'église du Ménil ou des confréries érigées dans ladite église.

Le vingt-neuf octobre mil sept cent trente-cinq, Dominique Chevrier, le jeune, marchand à Demrupt, paroisse du Mesnil, a donné par contrat, passé par-devant Me Blaise, notaire au Thillot, pour la confrérie du Saint-Sacrement, une somme principale de douze cents francs barrois, dont la rente de chaque année, s'élevant à soixante francs, doit être employée de la manière suivante : le prêtre vicaire doit tirer quarante francs pour rétribution de douze messes hautes, célébrées le troisième jeudi de chaque mois, avec la bénédiction à la fin de chaque messe ; le maître d'école qui les répondra recevra sept francs ; le commis de la confrérie percevra un franc six gros et la fabrique de l'église aura onze francs six gros pour le luminaire. Ainsi, pour douze messes, le curé recevait quarante francs, soit 3 fr. 1/3 par messe.

Par un contrat de fondation, rédigé par le même notaire, le 17 mars 1736, au profit de la confrérie des morts, le sieur Jean Cunat, le vieux, marchand au Mesnil, verse la somme principale de mille francs barrois, produisant une rente annuelle évaluée à cinquante francs, employée à dire douze messes de *requiem*, pour lesquelles le curé reçoit trente-six francs, soit trois francs pour chacune d'elles ; le maître d'école qui les répond, quatre francs ; le commis de la confrérie, chargé du soin de faire rentrer lesdites rentes, un franc, et neuf francs à la fabrique pour le luminaire.

Par un troisième contrat de fondation, passé par-devant le même notaire, le 28 février 1737, au bénéfice de la confrérie de St-Joseph, Jean-Pierre Peltier, laboureur au Ménil, fit don d'une somme principale de huit cents francs barrois. La rente annuelle, évaluée à quarante francs, devait servir à faire célébrer tous les ans six messes hautes. Le curé devait percevoir dix-huit francs, soit trois francs par messe, le maître d'école, trois francs, le commis six gros pour le luminaire, les plus urgentes nécessités de l'église, notamment pour les frais de ladite confrérie.

En vertu d'un contrat de fondation, rédigé par Me Blaise, notaire au Thillot, le 28 février 1737, au profit de la confrérie du St-Rosaire, Catherine Valdenaire, veuve de Remy Noël, demeurant au Mesnil, versait en principal la somme de huit cents francs barrois, produisant une rente annuelle de quarante francs. La répartition de cette rente est exactement la même que pour la confrérie de St-Joseph.

Les messes seront célébrées chaque année dans les mois de février, avril, juin, août, octobre et décembre.

Enfin, Claude Philippe, laboureur, demeurant au Mesnil, par un contrat de fondation au bénéfice de l'église, passé par-devant Me Besson, notaire à Létraye, faisait don d'une somme principale de trois cent cinquante francs. La rente annuelle, évaluée à dix-sept francs six gros, devait être employée à célébrer annuellement et à perpétuité deux messes hautes de *requiem*, précédées « *des trois nocturnes des vigilles des morts les Laudes avec les obsceques, Liberame et collecte à la fin* », l'une pendant le mois de juin, jour de St-Claude, ou autre jour plus près non empêché, et l'autre pendant l'octave de la « *commemoraison des fidels trespassez.* » Elles devaient être annoncées au prône le dimanche précédent. Le curé recevra dix francs, soit cinq francs pour chacune, le maître d'école qui les répondra, deux francs, le commis de la fabrique six gros et la fabrique cinq francs pour fourniture du luminaire et des ornements nécessaires.

C'était donc pour le curé un casuel fixe annuel de 40 fr. + 36 fr. + 18 fr. + 18 fr. + 10 fr. = 122 francs.

POLICE DE L'ÉGLISE

Tout d'abord nous croyons utile de rappeler, qu'en 1789, le curé du Ménil était président de l'Assemblée municipale, et que les réunions de celle-ci avaient généralement lieu au presbytère, bien qu'il y eût une maison commune. On comprendra mieux l'objet de la délibération que nous allons analyser et reproduire dans ses parties essentielles.

Le vingt-quatre mai mil sept cent quatre-vingt-neuf, l'Assemblée municipale de la paroisse du Ménil décide d'adresser à Monseigneur l'Intendant de Lorraine et Barrois la supplique suivante :

La religion et le bon ordre exigent de la vigilance des président, syndics et élus de la municipalité du Ménil, subdélégation de Remiremont, district d'Epinal, de faire réprimer les irrévérences et les scandales même qu'on commet dans l'église pendant les saints offices. Dans le but de réprimer ces abus, le syndic se basant sur les considérations qui précèdent, dicta à son greffier une publication que Monsieur le vicaire résident lut *énergiquement* à la messe paroissiale du lundi de Pâques. De ce qui précède, il ne faudrait pas conclure que l'irréligion régnait dans ladite paroisse, au point d'y commettre des *crimes scandaleux*. Non, mais il est bon de prévenir le mal, même avant sa naissance. D'autre part, comme les peuples se multiplient tous les jours, leur grand nombre pourrait occasionner du tumulte et de la confusion.

Ensuite l'assemblée demande à Monseigneur l'Intendant qu'il lui plaise : « 1° authoriser la municipalité du Ménil à placer tous les « paroissiens dans l'église, les hommes préférablement aux garçons, « les femmes préférablement aux filles dans les bancs des deux côtés « de la nef, et ce eu égard à la cotte, à l'age et à la qualité des per- « sonnes, en observant d'avoir égard aussi à ceux ou à celles dont « les infirmités ne permettraient pas d'occuper les premières places « dans l'église.

2° Authoriser la même municipalité à faire prêter serment aux « trois gardes établits ou a établir pour le maintien du bon ordre par « devant le *présidant* ou le sindic, lesquels gardes feront rédiger « leurs rapports des irrévérences, abuts, désobéissances et scandales « qu'ils auront remarqués par le greffier sur un registre destiné à « cet effet.

3° Authoriser ladite municipalité a condamner les délinquants à « VINGT SOLS *d'amende pour tous les faits léges commis dans* « *l'Eglise, et* QUARANTE SOLS *pour les faits graves, récidives et* « *désobéissances,* le tout a payer IRREMISSIBLEMENT au profit de la « fabrique.

4° Authoriser ladite municipalité à exclure du chœur de ladite « église toutes les personnes qui ont fait leur seconde communion, « a la réserve des desservants, marguilliers, chantres et chantolliers.

« 5° Autoriser enfin les dits gardes à reprendre et faire rapport de « ceux qui pourraient causer, badiner et faire du scandale au vesti- « bule et à la porte de l'Eglise, et sur le cimetière pendant les saints « offices pour être condamnes aux peines cy-dessus énoncées et sera « grâce et justice. Délibéré les an, jour, lieu et heure susdits. Sigué : « D. Claudel, prêtre, vice-résidant ; C. Colle, sindic ; R. Tho- « mas ; Sébastien Cunat ; Jean-Nicolas Colle ; D. Chevrier ; Jean- « Nicolas Peltier ; Nicolas Mourot ; N. Briot, greffier. »

ASSISTANCE A LA MESSE

Dans une pétition adressée au citoyen Foussedoire, représentant du peuple dans le département des Vosges, en résidence à Saint-Dié, à la date du 7 germinal, l'an deuxième de la République une et indivisible (28 mars 1794), un sieur Remy Noël exposait :

Qu'il était natif du Ménil ;

Qu'il avait servi dans les troupes de la France ;

Qu'ayant manqué d'assister à la messe pendant trois ou quatre semaines, il y avait environ deux ans, en 1792 par conséquent, les officiers municipaux, alors en exercice, l'avaient excité d'y aller *ou sinon* ;

Que, peu après, ils avaient donné l'ordre à une bande de jeunes gens « *de le troussers et de le lier comme un malfaiteurs et* « *de suite l'avaient fait conduire par devant le Juge de paix* « *du canton du Thillot en le menaçant d'une manière atroce,* « *tantôt de le tuer et de le bruler dans sa maison, tantôt de* « *lui lachers un coup de fusil, et enfin de lui trancher la tête.* »

Que le juge de paix, n'ayant rien trouvé de reprochable dans sa conduite, l'avait renvoyé innocent ;

Mais que la même bande de jeunes gens, toujours dans une rage extrême et armés de fusils, de sabres et de pistolets, l'avait ramené au Mesnil, avec les mêmes menaces.

Que, se voyant ainsi *mutilé* et sa vie en danger par *l'effet du fanatisme*, il avait quitté le Ménil pour se rendre à Faucogney, où il s'était engagé comme domestique, malgré son âge avancé et sa caducité ;

Que, pendant son absence, les officiers municipaux du Ménil avaient inventorié ses petits meubles qui faisaient toute sa richesse, et que le district de Libremont en avait ordonné la vente laquelle avait produit une somme d'environ soixante-quatorze livres.

Il terminait ainsi, en faisant un énergique appel à la justice dudit Représentant :

« Sitoyen représentant c'est donc a toi a qui l'exposant espère « trouver la planche après le naufrage il espère enfin que tu vou- « dras bien jetter un regard favorable sur un pauvre malheureux, toi « qui partout dans ton passages, tu emporte l'estime et les louanges « et la confiance d'un peuple, oui il le répète il n'a plus de con- « fiance qu'a toi, il te prie d'écrire aux officiers municipaux de la « commune du Mesnil de voulvoire le recevoir parmi eux et être

« libre de vaquer publiquement et qu'il soit ordonné que le prix de « ses petits meubles qui ont été vendus illégalement lui soit remis « tout et sera justice. » Signé : « Remy Noël. »

Sur l'invitation faite par le représentant Foussedoire et par l'administration du district de Libremont, (Remiremont), de donner tous les renseignements convenables sur l'objet de cette pétition, le conseil général de la commune du Mesnil, réuni en assemblée, le 1er floréal an II, (20 avril 1794), reconnaît bien qu'effectivement les meubles du sieur Remy Noël ont été inventoriés et vendus, mais pour les autres faits énoncés en ladite pétition, il ne peut donner aucun renseignement véridique, attendu qu'il n'était point en exercice à cette époque.

Nous ne savons si le pétitionnaire fut indemnisé et autorisé à rentrer dans son village natal. Pauvre Remy Noël ! Ton sort était bien à plaindre !

UN CURÉ QUI MONTE LA GARDE.

Le 19 juin 1792, un dimanche, vers neuf heures du matin, à l'heure où la messe paroissiale devait commencer, quelle ne fut pas la surprise des habitants du Ménil, qui se rendaient à l'église, de trouver, devant le portail, leur pasteur en personne, un fusil sur l'épaule et montant la garde. Il déclara avoir été requis par Jean-Nicolas Philippe, commandant du bataillon des gardes nationaux. Il devait monter la garde « *pendant vingt-quatre heures à commencer de ce matin* » dit le procès-verbal, rédigé séance tenante par les maire, officiers municipaux et procureurs de la commune. Le curé se fit bien prier un peu, avant de déposer son arme, pour célébrer la messe ; mais sur la promesse formelle de la municipalité qu'elle répondait de tout ce qui pourrait résulter, il s'exécuta « *au contentement de toute la paroisse.* »

Accusé, en outre, par la municipalité, de causer du trouble et de la confusion dans la paroisse, le commandant de la garde nationale se disculpa facilement.

C'était sur la réquisition même du maire et du chef de police, vu la nécessité d'établir une garde, sur la porte de l'église, les dimanches et les fêtes, pour veiller à ce qu'il ne se commît pas d'irrévérence ni d'indécence, tant à l'église que dans le cimetière, qu'il avait donné l'ordre, à un de ses caporaux, de désigner un homme pour ce service, lequel se faisait, ce jour-là même, pour la première fois. Le caporal, quelque peu embarrassé et ne voulant pas faire de faveur, décida de choisir l'homme qui était inscrit en tête du rôle, dressé par les soins de la municipalité. Or, c'était précisément le sieur Jean-Baptiste Lamboley, prêtre vicaire résident du Ménil, le successeur de l'abbé Claudel, lequel devait être exécuté à Mirecourt, qui était inscrit le premier. Le caporal alla avertir le vicaire que son tour était venu de monter la garde et s'offrit de le remplacer gratuitement, mais le curé refusa, on ne sait trop pourquoi. Et voilà comment les paroissiens le trouvèrent montant la garde, sur la porte de l'église, au moment où il aurait dû revêtir les ornements sacerdotaux, pour célébrer le saint sacrifice de la messe.

Ainsi qu'on peut s'en rendre compte, les archives du Ménil permettent de faire une véritable étude des mœurs de cette époque.

PROTESTANT

En 1789, il y avait un protestant au Ménil, appelé Louis Winter. Il était tisserand de profession. Mais il s'occupait bien plus de faire la contrebande en tabac que de son métier. Sa femme était catholique et tous ses enfants furent baptisés.

ACTES DE L'ÉTAT CIVIL

Le premier acte de l'état civil est daté du cinq octobre mil sept cent trente-cinq. C'est l'époque de la fondation de la paroisse, de la construction de l'église et de la nomination du premier vicaire résident. Les registres sont tenus par le curé qui remplit les fonctions d'officier de l'état civil.

Ils sont, en général, assez bien soignés. Ils comprennent les *baptêmes*, des *fiançailles*, les *mariages*, les *sépultures* et quelques *ondoiements*.

BAPTÊMES

Les actes de baptêmes relatent la date de la naissance de l'enfant et celle de son baptême, naturellement ; les prénoms et noms des père et mère ; la profession du père ; les prénoms et noms des parrain et marraine, ainsi que leur degré de parenté avec le nouveau-né, sans oublier de mentionner pour tous de quelle paroisse ils font partie. L'âge des uns et des autres n'est pas indiqué. Il n'est pas question de la déclaration de naissance que le père a dû faire. Il n'y a pas non plus de témoins pour attester cette déclaration.

FIANÇAILLES

Par l'acte des fiançailles, les futurs époux se promettent de se marier *ensemble* le plus tôt que faire se pourra, et au plus tard dans.... jours, si Dieu et l'Eglise y consentent.

MARIAGES

Dans les actes de mariages, la désignation des parties est plus complète ; mais ni les dates de naissance de celles-ci, ni les dates des décès des pères et mères, lorsqu'ils sont défunts, ne sont relatées. Ce n'est qu'après avoir ci-devant publié canoniquement dans l'église trois bans de mariage, constaté qu'il ne s'est point produit d'opposition ni révélation d'aucun empêchement soit civil soit canonique, et reçu leur mutuel consentement, que le prêtre *donne la bénédiction nuptiale* aux époux, en présence de quatre témoins.

SÉPULTURES

Les actes de sépulture mentionnent la date du décès et celle de l'inhumation. Ils n'indiquent pas les prénoms et noms des pères et mères des défunts. Mais ils font connaître si les personnes décédées ont reçu ou non les sacrements de pénitence, d'eucharistie et d'extrême-onction. Dans bien des cas, le mourant n'a pu recevoir le Saint-Viatique pour défaut de connaissance. Le nombre de témoins varie : généralement il y en a deux, souvent trois et quelquefois quatre.

Les morts-nés sont désignés sous la rubrique : *baptêmes et sépultures*.

Au sujet du décès de Jacques Grandclaude, 21 avril 1777, il y a deux témoins oculaires pour attester que ledit Jacques Grandclaude « n'est décédé qu'après avoir été transporté dans la maison d'André Colle pour y recevoir soulagement de sa chute d'apoplexie. »

ONDOIEMENTS

A partir de l'année 1784, on rencontre par ci, par là, quelques ondoiements. Ce sont des déclarations de morts-nés, ou mieux, de naissances d'enfants qui n'ont vécu que très peu de temps. L'*ondoiement*, c'est le baptême administré par la matrone ou toute autre personne. Afin de donner une idée exacte et complète sur la nature et la rédaction de ces actes, en voici un reproduit textuellement et fidèlement :

Ondoiement du fils d'Eloi Louis

« L'an mil sept cent quatre-vingt-quatre, le vingt-cinq du mois
« de juillet, vers six heures du matin, a été ondoié sur la teste avant

« que de naître a la maison paternelle a cause du péril de mort par « Marie-Philippe épouse de Jean Bontems matrône de la commu- « nauté du Ménil un enfant mâle qui est venu mort au monde vers « quatre heures du soir le vingt-six dudit mois de l'an susdit, fils « légitime d'Eloi Louis manœuvre et de Marie Philippe son épouse « en premières nopces tous deux vivans paroissiens et originaires « dudit Ménil, lequel ondoiement a été fait du vivant de l'enfant et a » été jugé valide par moi, prêtre vicaire dudit Ménil sur l'examen « que j'ai fais de la manière dont il a été administré par ladite « Marie Philippe et par le rapport que m'en ont fait ledit Eloi Louis « père de l'enfant et Blaise Philippe son oncle maternel manœuvre « habitant dudit Ménil qui étoient présens, lesquels ont signés avec « nous et non ladite Marie Philippe pour ne sçavoir écrire ainsi « qu'elle a déclaré de ce duement interpellée. Lecture faite. Le pré- « sent acte rédigé les an et jour avant dits. Ont signé : Eloy Louys ; « Blaise Philippe et D. Claudel, p^tre vic. résident. »

Voici encore quelques extraits, relatifs à divers ondoiements, qui méritent d'être mentionnés :

Le 31 octobre 1780, un enfant *avant que de naître a été baptisé sur la main pour le cas de nécessité.* La matrone et les tantes maternelles de l'enfant ont assuré que celui-ci était vivant lorsqu'il a été baptisé et ont assuré la validité de son baptême.

Le 18 avril 1786, Marie Cunat est accouchée d'un enfant mort, *baptisé par la matrone avant que de naître sur les deux pieds environ un quart d'heure avant que d'expirer.*

Le 18 juin 1786, la matrone a déclaré avoir baptisé deux enfants mâles, nés jumeaux, « l'un vers cinq heures du soir et l'autre vers cinq heures et demie aussi du soir, le premier sur *la teste* et le second sur *le cordon avant qu'ils fussent au monde.* »

Le 27 août 1785, Agathe Anthoine est accouchée d'un enfant mort *sans avoir été ondoyé ni baptisé.*

ÉLECTION DES MATRONES ; NOMINATION DES FABRICIENS ET DES COMMIS DE SAINT-JOSEPH ET DU SAINT-ROSAIRE

On trouve également dans les registres des actes de l'état civil, la relation de l'élection des sages-femmes ainsi que la nomination des fabriciens et des commis de Saint-Joseph et du Saint-Rosaire. Ces documents sont assez curieux, les premiers surtout, pour être reproduits en entier.

Election d'une matrone

« L'an mil sept cent quatre-vingt le cinquième jour du mois de « febvrier les femmes des communautés du Mesnil et de Demrupt « étant assemblées dans l'église des dits lieux ont procédés à l'élec- « tion d'une matrone et Anne Pernel, femme de Remi Aubert, ha- « bitant dudit Demrupt a été élue à la pluralité des voix pour en faire « les fonctions en présence de Jean-Nicolas Noël regent d'école audit « Ménil et de Dominique Chevrier, fabricien actuel de l'église dudit » lieu témoins à ce requis et soussignés avec moi les an et jour avant « dits et laditte Anne Pernel a prêté son serment par devant moi et « a déclaré ne sçavoir signer de ce duement interpellée.

« Signé : J.-N. Noël ; D. Chevrier, et D. Claudel, p^tre^ vic. résidant. »

Voici une autre élection de matrone, qui témoigne de quelques progrès réalisés en cette matière :

« L'an mil sept cent quatre vingt un le vingt septième jour du « mois de mai Dimanche dans l'octave de l'ascension après avertisse- « ment fait au prone de la messe paroissiale aux femmes de la pa- « roisse du Mesnil de s'assembler dans l'église dudit lieu pour pro- « céder par la pluralité des voix à l'élection d'une sage-femme im- « médiatement après la messe : je soussigné vicaire résidant dudit « Ménil ai reçu les suffrages des dittes femmes en présence de Jean- « Nicolas Noël régent d'école et de Jean Nicolas Thomas cômis de la « confrérie de St Joseph tous deux habitans dudit Mesnil ; et Marie- « Philippe femme de Jean Bontems âgée d'environ cinquante ans a « eu presque toutes les voix et a prêté serment entre mes mains de « sacquitter avec exactitude et fidélité de cette charge en presence « des temoins ci-dessus dénommés à ce requis et soussignés les an « et jour avant dits. »

« Ont signé : J. N. Noël ; J. N. Thomas, et D. Claudel, p^tre^ vic. « résidant. »

La matrone n'a pas signé.

Nomination d'un fabricien et de deux commis

« L'an mil sept cent quatre vingt le vingt deux du mois d'octobre « dimanche vingt trois après la pentecoste les habitans de la paroisse « du Mesnil assemblés dans l'église dudit lieu ; je soussigné vicaire « résidant audit Mesnil en l'absence de Monsieur d'Ogeron, curé de « Ramonchamp et annexe ai nommé dentre les trois qui m'ont été

« présentés par chacun des commis sortants suivant lusage du lieu « pour fabricien Jean-Nicolas Peltier, pour cômis de St-Joseph Jean-« Nicolas Thomas ces deux premiers habitans dudit Mesnil, et pour « cômis du St-Rosaire Jean-Joseph Colle ce dernier habitant de « Demrupt qui ont accepté volontairement leur commission et ont « prêtés entre mes mains serment de bien regir, économiser fidele-« ment les deniers et rentes de l'église qui seront confiés à leur « administration et ne les faire servir à d'autres usages qu'au bien « et à la décoration et besoins de leglise dudit Mesnil et d'en rendre « fidel compte au sortir de leur gerence.

« En foi de quoi j'ai dressé le présent acte et lesdits cômis l'on « signés avec moi et plusieurs autres habitans les an et jour avant[t] « dits.

« Ont signé : Jean Peltier ; J. N. Thomas ; J. J. Colle ; D. Che-« vrier ; Dique Chevrier ; D. Chevrier ; Jean Nicolas Cunat ; N. Noël ; « J. N. Noël, et D. Claudel, p[tre] vic. résidant. »

TIERS-ÉTAT

ÉTAT DES HABITANTS DES COMMUNAUTÉS DU MÉNIL ET DE DEMRUPT N'APPARTENANT NI AU CLERGÉ NI A LA NOBLESSE

Il n'y avait pas de nobles, à la veille de la Révolution, dans les communautés du Ménil et de Demrupt. Les habitants ne dépendaient que du Roy, malgré une redevance de quatre sols par ménage, que payaient une partie seulement des chefs de famille, au baron de Faucogney Ils étaient donc à peu près indépendants.

A l'exception du cens qu'ils payaient au Roy et au chapitre de Remiremont, des dîmes au même chapitre et au curé de Ramonchamp, ils jouissaient comme propriétaires d'une assez grande liberté.

Il y avait cent quarante-neuf propriétaires possédant des terrains, prés et terres labourables, dont la contenance variait entre un jour et quarante jours, c'est-à-dire entre 20 ares et 8 hectares.

Deux propriétaires forains louaient leurs biens par baux sous seings privés.

En ce qui concerne les professions qu'ils exerçaient à cette époque, on trouve dans les déclarations de 1782, relatives à la contribution foncière, qu'il y avait :

128 manœuvres, cultivateurs ou marcaires ;

3 charpentiers ;
2 boulangers ;
2 cordonniers ;
2 maréchaux-ferrants ;
2 invalides ;
2 gardes des bois de sa majesté ;
2 régents ou maîtres d'école ;
1 tailleur d'habits ;
1 négociant ;
1 thissier, probablement un tisserand ;
1 garde-chasse ;
1 collecteur des deniers du Roy ;
1 prêtre vicaire résident.

PROPRIÉTÉS ROTURIÈRES ; VALEUR ET REVENU

Les propriétés consistaient principalement en prairies et terres labourables. Les jardins, dont nous ignorons l'étendue, formaient une quantité d'ailleurs négligeable.

Les prés étaient de beaucoup plus considérables que les champs. Ils occupaient une superficie de 1300 jours, soit 260 hectares, tandis que les terres labourables ne mesuraient que 133 jours, soit 26 hectares 60 ares, un peu plus du dixième des premiers.

Toutes ces terres étaient de qualité médiocre ou mauvaise produisant peu, en partie arides et sauvages, exigeant beaucoup d'engrais, ravinées souvent par les eaux et couvertes de roches, comme le témoignent les deux extraits suivants, pris au hasard, parmi les déclarations de 1782, dont il a déjà été parlé.

La nommée Aprône Pernel, veuve de Claude Noël, tant en son nom qu'en qualité de mère et tutrice de ses quatre enfants, déclare posséder, *sçavoir* :

« Quinze jours trois omée de pré de la plus mauvaise qualité qui « ne produit qua force de traveaux et dangrais au surplus sec remply « de pierres et gravier dans terre comme En dehors une partie qui « ne produit que quelque Racine de feigne souvente foix lon ny « peux porter la faux et est de beaucoup diminué de revenu depuis « 1759 ce que j'estime néanmoins en revenu à douze sous par cha- « cun jour. »

De même le sieur Elois Louis déclare posséder :

« Un jours de terre labourable de la plus mauvaise qualité exposé

« au dégradation de sorte que je suis souvent davis de l'abandonner « il coute des traveaux pour ne rien en tirer ce que j'estime en re- « venu sans en rien tirer à neuf sous. »

Nous le répétons, ces deux exemples sont pris au hasard. Toutes les déclarations semblent renchérir les unes sur les autres pour prouver le peu de valeur des terrains qu'elles concernent.

Il est bon de faire remarquer que ces déclarations avaient pour but de fixer le revenu exact de ces terres, et que ce revenu devait servir de base à l'établissement de la contribution foncière. En effet, celle-ci s'élevait au vingtième du revenu.

Aussi, pour payer le moins possible de contribution, les habitants cherchaient-ils, par tous les moyens, à diminuer le revenu de leurs propriétés, en exagérant leur peu de valeur.

Néanmoins, en tenant compte de cette remarque, on peut affirmer que ces terres, en général, produisaient peu et ne pouvaient pas enrichir ceux qui les cultivaient.

La valeur d'un jour de pré pouvait varier entre 500 et 600 livres, et celle d'un jour de champ, entre 200 et 300 livres. En prenant le prix le plus élevé, on arrive à un total général de 819,900 livres.

Quant au revenu, il était peu élevé. Il variait, pour les prairies et les terres labourables, entre 8 sols et 1 livre le jour.

Il s'élevait pour les prés à la somme totale de 1467 livres et, pour les champs, à celle de 275 livres, c'est-à-dire à un total de 1742 livres produisant 87 livres 10 sols d'impôt foncier. Le revenu était donc évalué en moyenne à 0,2 pour cent du capital. Comme on le voit, il était bien faible.

En outre, 53 propriétaires payaient un cens de 129 livres au Roy et au chapitre de Remiremont, sans compter les dîmes et les charges dont quelques propriétés étaient grevées au profit de l'église ou de la fabrique.

Aujourd'hui, suivant les contenances inscrites à la matrice cadastrale, il y a 2011 hectares de terres cultivées, prés et champs, dont le revenu est évalué à 31,394 francs, payant pour l'année 1889, 4025 francs de contribution.

Dans l'intervalle d'un siècle, les terres cultivées ont augmenté dans une grande proportion : plus de 7 fois la contenance primitive. Le revenu moyen a suivi une marche ascendante presque aussi caractérisée : il a plus que triplé.

POPULATION. FEUX

Dans une délibération de l'assemblée du Conseil général de la commune, en date du 6 mars 1791, relative à l'opportunité qu'il y aurait de remanier les circonscriptions des paroisses du Ménil et des lieux voisins, nous trouvons que la population de cette commune est d'environ 1300 âmes.

Au mois de novembre de l'année suivante, au sujet d'une statistique agricole établie par demandes et par réponses, nous lisons la réponse suivante à la question : Combien y a-t-il d'individus dans votre communauté ? « *Il y a douze cent cinquante individus.* »

Dans le premier cas, on ne précise pas comme dans le second. D'ailleurs, l'écart entre les deux chiffres est peu important. Néanmoins il est à peu près certain que le chiffre véritable était 1250 habitants, à quelques unités près.

Quant au nombre de feux, dont se composait la paroisse en 1789, il était de deux cent dix, d'après le cahier des doléances.

RAPPORT DE LA POPULATION DE LA PAROISSE DU MÉNIL EN 1789 ET AUJOURD'HUI

Si l'on fixe à 1250 le nombre d'habitants de la paroisse du Ménil, en 1789, il n'est pas de beaucoup inférieur à celui d'aujourd'hui qui s'élève, d'après le recensement de 1886, à 1312 âmes, composant 314 ménages et habitant 241 maisons.

Voici un tableau, comprenant 12 années antérieures à 1789, et le même nombre d'années précédant 1889, qui fait connaître, durant cette période, le mouvement de la population à ces deux époques et qui reproduit, par catégories, les personnes ne sachant écrire :

NOTA : Surnom

Les habitants du Ménil sont quelquefois désignés sous le surnom de *Guédons*. En voici l'origine :

En 1789, ils filaient beaucoup de coton. Après l'avoir cardé, ils en prenaient une poignée, qu'ils tenaient dans la main gauche, pendant qu'ils le filaient avec la main droite. Cette poignée, on dirait quenouillée en parlant du lin et du chanvre, était appelée un « guédon. » Plus tard, on donna indistinctement ce nom à tous les habitants. Ce surnom, comme on le voit, est plutôt un titre de gloire, celle du travail, qu'une honte.

ÉTAT CIVIL

TABLEAU, par catégories, des personnes qui ont déclaré ne savoir signer, et du mouvement de la population.

DE 1777 A 1788 (12 ANNÉES)

BAPTÊMES	NOMBRE	DÉCLARANTS ordinairement le père	PARRAINS	MARRAINES	OBSERVATIONS
	452 Soit une moyenne de 37 à 38 par année	36 En outre, 15 pères n'ont pas signé pour cause d'absence.	4 En outre, un a signé avec les initiales et un autre a fait sa marque seulement.	127 En outre, une a signé avec ses initiales seulement.	Dans un acte de baptême, l'enfant a été baptisé sur le pied à cause du danger de mort. — 2 témoins, 2 femmes, ont déclaré ne savoir signer.

FIANÇAILLES	NOMBRE	FIANCÉS	FIANCÉES	PÈRES	MÈRES	TÉMOINS	OBSERVATIONS
	37 Soit une moyenne pour 8 années de 4 à 5 par année	1	17	»	22	»	A partir de l'année 1785, les registres ne contiennent plus d'actes de fiançailles.

MARIAGES	NOMBRE	ÉPOUX	ÉPOUSES	PÈRES	MÈRES	TÉMOINS	OBSERVATIONS
	113 Soit une moyenne de 9 à 10 par année	2	31 En outre, 2 ont signé avec les initiales de leurs noms	» 1 n'a pas signé pour cause d'absence	55	»	»

SÉPULTURES	NOMBRE	TÉMOINS	OBSERVATIONS
	259 Soit une moyenne de 21 à 22 par année	1	Dans ces actes, il n'y a que des témoins, et non des déclarants, sauf dans 5 actes. Le nombre des témoins varie de 2 à 4.

BAPTÊMES-SÉPULTURES ET ONDOIEMENTS	NOMBRE	TÉMOINS	OBSERVATIONS
	27 Soit une moyenne de 2 à 3 par année	19	Les baptêmes-sépultures ne forment qu'un seul acte. Souvent les témoins du baptême ne servent pas pour la sépulture d'un enfant dans le même acte.

DE 1877 A 1888 (12 ANNÉES)

NAISSANCES	NOMBRE	DÉCLARANTS	TÉMOINS	OBSERVATIO
	544 Soit une moyenne de 45 par année	0	0	Les actes de sance compren un déclarant, témoins et l'of de l'état civil.

PUBLICATIONS DE MARIAGE	NOMBRE	LE MAIRE, OFFICIER DE L'ÉTAT CIVIL	OBSERVATIO
	127 Soit une moyenne de 10 à 11 par année	0	Le Maire signe les pub tions de maria

MARIAGES	NOMBRE	ÉPOUX	ÉPOUSES	PÈRES	MÈRES	TÉMOINS	OBSERVATIO
	127 Soit une moyenne de 10 à 11 par année	0	0	3 ont déclaré ne savoir faire qu'une +	2 En outre, 6 ont déclaré ne savoir faire qu'une +, et 1 a signé en abrégé.	1	»

DÉCÈS	NOMBRE	DÉCLARANTS	OBSERVATION
	488 Soit une moyenne de 40 à 41 par année	0	Les actes de d comprennent d déclarants et l' cier de l'état ci

MORTS-NÉS	NOMBRE	DÉCLARANTS	OBSERVATION
	39 Soit une moyenne de 3 à 4 par année	0	Les actes de m nés comprenn comme ceux de cès, deux déclar et le maire.

NOMBRE DES ENFANTS PAR MÉNAGE

A toutes les époques et dans tous les pays, le nombre des enfants par ménage a toujours beaucoup varié. Dans telle famille, ce nombre est relativement élevé, tandis que dans un ménage voisin, il n'y a point d'enfant, quelquefois un ou deux.

C'est donc une moyenne qu'il s'agit d'établir. Pour une population de 1,250 habitants, composant 210 feux, cette moyenne serait à peine de quatre enfants par ménage.

Mais il y a lieu de tenir compte des deux éléments suivants : 1° Parmi ces deux cent dix ménages, il y en avait sûrement plusieurs composés uniquement de célibataires ; 2° En 1789, il se rencontrait beaucoup plus de grandes familles qu'aujourd'hui. Les ménages de 15 à 20 personnes n'étaient pas rares.

De ce qui précède, on peut conclure que le nombre des enfants par ménage était de cinq en moyenne.

Actuellement, cette moyenne est bien inférieure : elle n'est guère que de trois enfants.

Le recensement de 1886 accuse une seule famille de 9 enfants vivants, deux familles de 8, et quatre ou cinq seulement de 7.

MORTALITÉ

La mortalité était beaucoup moins grande en 1789 qu'aujourd'hui.

De 1777 à 1788 inclusivement, pendant 12 années, sur une population de 1250 âmes, il y eut 286 décès, en y comprenant les morts-nés, au nombre de 27, soit une moyenne de 23 à 24 décès par année.

Un siècle plus tard, de 1877 à 1888 aussi inclusivement, sur une population de 1340 habitants, — moyenne de la population constatée par les recensements de 1881 et 1886 —, il s'est produit 527 décès, en y comprenant de même les morts-nés, au nombre de 39, soit une moyenne de près de 44 décès par année, chiffre pour ainsi dire double du précédent.

CAHIER DES DOLÉANCES (1789)

Le cahier des plaintes et doléances de la paroisse du Ménil fut rédigé en assemblée générale, le quatorze mars mil sept cent quatre-vingt-neuf, en exécution des lettres du Roy, en date du vingt-quatre janvier de la même année, et de l'ordonnance de monsieur le Bailli de Remiremont.

En voici le résumé : (les mots en italiques sont extraits textuellement, avec leur orthographe conforme).

La paroisse du Ménil ne dépend d'*aucuns autres Seigneurs que de sa Majesté seule*, quoiqu'une partie des habitants *payent une redevance de quatre sols par chacun ménage à la Baronnie de Faucogney*. La *juridiction* appartient *uniment aux hautes justices du domaine*.

Telle est la situation.

Le cahier contient 18 chefs de plaintes.

1er chef.

Le pays est pauvre par suite du peu de culture, du climat rigoureux et des montagnes qui l'environnent. Parmi les deux cents feux et plus dont la paroisse est composée, il y a au moins *cent ménages dignes de compassion et d'aumones, sans qu'il y aye rien de fondé dans le lieu pour la subsistence des pauvres*, lesquels sont à la charge de la paroisse, sans droit d'être reçus dans *aucuns hôpitaux, lors de leurs maladies habituelles. Il faudrait un hospice.*

2e chef.

Les habitants manquent surtout de bois de construction et *d'entretient des Bâtiments*, parce qu'on l'exporte en quantité hors du ban de Ramonchamp, et à cause de la stérilité du sol *qui est si ingrat qu'il ne produit presque point de rejettons en beaucoup d'endroits.*

Nécessité de limiter cette exportation dans l'étendue dudit ban.

3e chef.

L'article 6 du titre VI du Règlement des Eaux et Forêts, du 31 (*le mois manque par suite de la déchirure d'un coin de feuille*) 1724, ne comporte pas l'ordre aux affouagistes de payer un garde à cheval et général, dont la résidence est éloignée de la maîtrise d'Epinal. Au lieu de *reformer les abuts, il favorise les délinquants, il empêche même les forestiers établits dans les communautés de faire leur devoir*, il ne songe qu'à faire *sont profit particulier* et à recevoir de *toutes mains.*

Il faudrait qu'il ne soit ÉTABLIT *qu'un garde général à la suite de* CHAQUES GRURIES *ou* MAITRISES *particulières, dont les gages* SOYENT *pris sur les* FRANSVINS *et* CASUALITES.

4e chef.

La taxe en argent pour l'entretien des routes éloignées de la paroisse est trop élevée. Il en coûte aux habitants du Ménil une somme annuelle de cinq cent quarante-neuf livres dix-neuf sols trois deniers, non compris les chemins locaux, les ponts et ponceaux d'utilité publique et *particulière.*

On demande de revenir à la prestation en nature.

5e chef.

Pour diverses causes, la milice se recrute beaucoup plus dans ces montagnes que dans les villes et les *plats pays.* Comme l'entretien de cette milice est à la charge du *canton,* il constitue un fardeau très *onereu* pour *les peuples.* Les *remontrants* ont payé jusqu'à *cinquante livres par miliciens pour frais de Levée et équipement, outre les cocardes et dépens de bouche.*

On devrait répartir, AU MARC LA LIVRE, *l'entretien de la milice sur toute la province et non par canton.*

6e chef.

Pour éviter la lenteur et la multiplicité des procédures de *justice* et les frais exorbitants qu'elles occasionnent, surtout en ce qui concerne le partage, la vente ou l'*alliennation* de biens de mineurs, *on demande que le maire et autres officiers locaux soient chargés de la* JURIDICTION TUTÉLAIRE, *attendu que le siège de justice le plus rapproché est à une distance de six à sept lieues.*

7e chef.

Le chef-lieu du bailliage étant très éloigné, la police locale est mal faite.

Elle devrait être conférée aux officiers locaux.

8e chef.

Pour éteindre la chicane, *il serait à souhaiter que l'assemblée municipale eût pouvoir d'intervenir par* VOYE *d'accommodement des parties d'abord, ou de faire connaître si elle estime que la cause mérite d'être portée ou non au* BAILLIAGE *ou autres sièges* COMPÉTANS.

9e chef.

On ne peut partager les pâquis communaux, qui ne sont que des *coins entre les rochers,* pour cinq raisons relatives à leur peu de *valleur*, à leur *petitesse*, à leur situation et à leur nature très différente.

10e chef.

Il est à désirer que la BANNALITÉ *des moulins soit abolie*, parce qu'elle est des plus onéreuses pour le peuple.

11e chef.

Il serait très désirable que le prix du sel SOIT *modéré dans la province et qu'il* SOIT ÉTABLIT *des magasins à sels dans chaque paroisse*. Les sels de Dieuze et de Moyenvic se vendent quatre sols la livre en Alsace, tandis que les remontrants en payent six sols trois deniers.

12e chef.

La livre de tabac coûte jusqu'à quatre livres dix sols en Lorraine, tandis qu'en Alsace elle se vend tout au plus, pour l'espèce commune, quatre sols (tabac à fumer) et douze sols (tabac en poudre).

Les remontrants souhaitent que le prix de cette plante soit uniformisé dans tout le Royaume.

13e chef.

On a soustrait certains *titres* de la paroisse, remis au tribunal de Nancy, lors du procès considérable avec le Chapitre de Remiremont, relativement à différents droits que ce Chapitre veut s'arroger.

On devrait s'occuper de les retrouver, parce que cette soustractien cause un tort notable aux remontrants.

14e chef.

C'est sans doute par suite de la perte de ces *titres* que le Chapitre de Remiremont a établi une dîme sur la pomme de terre ou *topinambourg*. *A supprimer*.

15e chef.

Ne plus rien payer pour l'entretien de l'église de Ramonchamp, dont la paroisse du Mesnil faisait autrefois partie, ni surtout pour le traitement du vicaire du même lieu, puisque le curé de Ramonchamp continue à percevoir la dîme, qui devrait être employée à payer sa pension et celle de son vicaire.

16e chef.

Empêcher les riches d'usurper des ascensements dans les pâquis communaux.

17e chef.

Nécessité d'établir un règlement sur la pêche pour empêcher les pêcheurs de *fracasser* et de *battre* les prés qui sont de chaque côté des ruisseaux.

18e chef.

Les remontrants demandent la diminution des impôts, car ils paient une somme élevée : quatre mille cinq *cens soixente*-sept livres un sol six deniers, ainsi répartie :

Subvention	1570l	13s	1d
Ponts et chaussées	1661	16	8
Vingtième	924	15	»
Cens *foncieres*	88	16	9
Usages dans les forêts (3 francs par feu, les pauvres exceptés	60	»»	»
Droits de bois de chauffage (25 sols 6 deniers par feu, les pauvres exceptés)	225	»»	»
Garde à cheval	36	»»	»
Total égal	4567l	1s	6d

Le cahier des plaintes et doléances est signé par 103 habitants.

En outre, des 18 chefs résumés ci-dessus, les remontrants *requierent* qu'il leur serait très nécessaire de *tenir* des pistolets d'*arçon* pour parer aux brigandages et assassinats que *font* les vagabonds, surtout pour les braves habitants dont les demeures sont écartées et isolées.

Ladite assemblée a ensuite *élu*, le même jour, comme députés de la paroisse, ainsi que l'atteste une délibération spéciale : Nicolas Peltier, Dominique Chevrier et Remy Philippe. ancien maître d'école.

Ces députés furent chargés de porter le cahier de doléances à l'assemblée qui devait se tenir. le 16 mars 1789, devant monsieur le *Bailly* de Remiremont, ou monsieur son Lieutenant général, munis des pouvoirs requis et nécessaires pour représenter la paroisse, ainsi que pour « *proposer, remontrer, aviser et consentir tous* « *ce qui peut concerner les besoins de l'Etat, la réforme des* « *abuts, l'établissement d'un ordre fixe et durable dans toutes* « *les parties de l'Administration, la prospérité generale du* « *Royaume, et le bien de tous et chacuns des sujets de* « *Sa Majesté.* »

II. — ÉTAT DES TERRES.

DOMAINE ROYAL ; MODE D'EXPLOITATION DES TERRES LUI APPARTENANT.

Par un arrêt du Conseil du Roy, en date du 14 mars 1769, la Chambre des Comptes de Lorraine devait nommer un commissaire chargé de faire, au Mesnil, l'arpentage et la livraison des ascensements dans les terres purement domaniales, ainsi que des anticipations sur ces mêmes terres.

Les habitants qui s'étaient emparés, par anticipation, de portions du domaine royal, devaient payer un cens égal à celui qu'ils payaient déjà pour les terrains auxquels ces anticipations avaient été réunies.

Le 28 juin 1769, ladite Chambre des Comptes désigna, pour remplir cet office, le sieur **Thiriet**, lieutenant au bailliage de Remiremont. Mais celui-ci outrepassa ses pouvoirs.

Il fut accusé d'avoir reconnu et livré de francs héritages, c'est-à-dire des terres que des particuliers possédaient en propre, depuis un temps immémorial, et qui n'avaient jamais été « *comprises dans les registres du domaine* ; d'avoir aussi livré des parties de pâquis communaux, que des habitants cultivaient pendant quelques années, pour les convertir ensuite en pâturages, et réciproquement.

Mais la Chambre des Comptes de Lorraine, à la suite d'une requête présentée par les habitants du Mesnil, décida, par un arrêt du 28 mai 1770, qu'il ne serait plus fait reconnaissance et livraison que des ascensements et des anticipations y réunies, « *sauf au procu-* « *reur général du roy à se pourvoir contre les détanteurs des* « *terres du domaine s'il s'y croit fondé deffense au contraire.* »

Le 25 janvier 1782, le sieur Léopold, baron de Lamarre, ci-devant conseiller du Roy, lieutenant général au bailliage de Remiremont, pour se conformer à l'ordonnance de ses seigneurs de la Chambre, rendue le 14 juillet 1781, déclare posséder sur le finage du Ménil, savoir :

1° Un terrain à titre d'ascensement, de la *consistance* de 50 jours de terre, lequel est chargé de vingt francs de cens annuel au domaine du roy seul, « *affermé par bail à la somme de quatre cents soi-* « *xante livres par années, argent au cour de Lorraine* ;

2° Un autre terrain, aussi à titre d'ascensement, de la *consistance* de dix-neuf jours et *des hommées*, à raison de quatre sols de franc payables annuellement au profit du roy seul, « *laissé à titre de Bail*

« *à Raison de cent cinquante cinq francs pour chacune an-*
« *née cours de Lorraine.* »

Il est à peu près certain que le susdit baron de Lamarre était le seul propriétaire d'ascensements, c'est-à-dire de terres provenant du domaine royal et payant un cens pour ce motif, qui ne cultivait pas ses terres par lui-même, mais par un fermier.

D'ailleurs, il était forcé d'en agir ainsi, puisqu'il n'habitait pas Le Ménil. Sa déclaration est datée de Champ, probablement Champ-le-Duc, près de Bruyères, et il signe : Delamarre en un seul mot, avec un D majuscule.

Tous les autres détenteurs de terres, payant un cens au roy, les cultivaient par eux-mêmes. Du moins, nous n'avons trouvé aucune preuve du contraire.

FORÊTS. — PATURAGES ET VAINE PATURE.

En 1789, les forêts étaient un peu moins étendues qu'aujourd'hui.

Par une délibération, en date du 12 avril 1789, l'assemblée municipale de la paroisse du Mesnil, reconnaissant que la régie des bois communaux est un objet qui mérite la plus grande attention, choisit et nomma, pour la garde et la conservation d'un canton de « *rapailles* », lieudit au Dreube, les trois gardes dont les noms suivent : Pierre Thomas, le vieux, manœuvre, demeurant à Demrupt ; Alexis Thomas, charpentier, demeurant audit lieu, et Nicolas Chevrier, le jeune, manœuvre, demeurant à la Pexure, finage de Demrupt.

Ces gardes devaient exercer leurs fonctions pendant un an. Ils devaient aussi prêter serment « *par devant qui de droit* », veiller exactement sur lesdites rapailles, pour qu'il n'y fût coupé ni enlevé aucun bois, et faire leurs rapports selon les règlements.

Ce bois appartenait, par indivis, aux communautés de Demrupt et du Prey (*actuellement section du Thillot*).

Pierre Thómas, se basant sur des « *raisons assez frivoles* » essaya de refuser ces fonctions.

Dans une requête, en date du 19 avril 1789, il prétendit que la municipalité n'avait pas suivi, pour sa nomination, l'usage établi dans la communauté de Demrupt, suivant lequel les gardes devaient être rémunérés par les intéressés. En outre, il exposa qu'au Prey, la communauté copropriétaire, les fonctions de garde étaient remplies par tous les habitants à tour de rôle.

Moyennant l'une ou l'autre de ces conditions, il voulait bien accepter. Il ne voulait pas exercer cet emploi gratuitement, d'autant plus qu'autrefois il avait été cotisé à ce sujet.

Mais la municipalité, par une nouvelle délibération, en date du 26 avril 1789, persista à lui confier la charge de forestier, qu'il dut accepter.

En ce qui concerne « *les droits de bois de chauffage,* » chaque affouagiste payait vingt-cinq sols six deniers, les pauvres exceptés, ce qui pouvait monter à deux cent vingt-cinq livres ou environ.

Au contraire des forêts, les pâturages étaient plus vastes qu'à l'époque actuelle. Cela s'explique naturellement. En effet, ce sont des pâturages qui ont été convertis en forêts depuis 1789.

Pour avoir droit « *aux usages dans les forêts,* » chaque chef de famille payait une redevance annuelle de trois francs, les pauvres et insolvables exceptés. Ce droit produisait une somme d'environ soixante livres.

Dans une requête, adressée par la municipalité du Mesnil, le 24 may 1789, à Mgr l'Intendant de Lorraine et Barrois, relative à la vaine pâture, nous relevons ce qui suit :

S'il est nécessaire de labourer et cultiver des cantons de terres communales, pour y semer et récolter du seigle et des légumes de première nécessité, il n'est pas moins nécessaire d'élever, entretenir et nourrir du bétail ;

On peut bien pratiquer l'un et l'autre avec succès ;

Depuis quelques années, dans les communautés du Ménil et de Demrupt, il s'est établi « *l'abus intolérable* » de cultiver des terrains qui sont d'une indispensable nécessité pour le passage des troupeaux, conduits aux pâturages. Les bestiaux ne peuvent plus se rendre aux sources ou réservoirs d'eau pour s'y abreuver. Les sentiers sont trop étroits, car si une voiture vient à rencontrer un troupeau, l'une ou l'autre est obligé de rebrousser chemin ;

De même, plusieurs habitants, ne payant quasi rien des impositions, enferment abusivement, sur les mêmes terres, des cantons considérables, pour les faucher Ils recueillent ainsi d'assez grandes quantités de fourrage ;

En continuant à tolérer tous ces abus, il serait impossible de tenir du bétail et, par conséquent, de payer les impositions, de satisfaire aux charges publiques et de subvenir à la propre subsistance des habitants. La municipalité terminait en demandant à Mgr l'Intendant qu'il lui plût de défendre aux personnes cultivant des terres communales, de faucher et d'amasser aucun fourrage, de serrer les passages des troupeaux se rendant aux pâturages et de les obliger à donner, auxdits passages, une largeur d'au moins trente pieds dans les endroits les plus utiles.

TERRAINS COMMUNAUX EN 1789 ; LEUR VALEUR.

Malgré la vente de cent jours de terrains communaux, en 1734, pour taire face aux dépenses nécessitées par la construction d'une église, il en restait encore beaucoup à la veille de la Révolution.

En 1771, un édit royal, en dix-huit articles, autorisa les communautés de Lorraine et Barrois à procéder au partage des terres communales entre les habitants

Mais, par une délibération datée du 20 octobre 1771, les maire, syndic, commis, élus et habitants de la communauté du Ménil, refusèrent de profiter de cet avantage et demandèrent qu'on leur laissât leurs pâquis communaux indivis comme du passé.

Voici les motifs sur lesquels ils se basèrent pour refuser : « *La* « *communauté du Ménil, étant composée de plus de cent ha-* « *bitants,* — il faut lire cent feux — *et étendue de plus d'une* « *lieue et scituée sur plusieurs collines, les maisons parse-* « *mées et éparses ça et là et éloignées les unes des autres sur* « *lesdites collines, il résulte une impossibilité de procéder au* « *partage desdites communes à cause de plusieurs ravines* « *qu'il faudrait traverser. Cela interdiroit l'exploitation du* « *parcours pour ainsi dire à tous les habitants dudit lieu que* « *toute leur richesse ne consiste qu'en Bétail, le climat n'é-* « *tant point propre pour le labourage et en outre en partie* « *inculte à cause des pierres et rochers qui les occupent en* « *partie ce qui est même cause que le pâturage y est resserré* « *eu égard au nombre d'habitants qui la composent.* »

L'article 1er de l'édit était ainsi conçu : « *Les troupeaux de cha-* « *que communauté des Duchés de Lorraine et de Bar ne pour-* « *ront plus à l'avenir être conduit sur le territoire des com-* « *munautés voisines et adjacentes, sous prétexte du droit* « *réciproque de parcours lequel seras et demeureras abolit* « *comme nous l'abolissons par le présent Edit.* »

Par la délibération susrappelée, les habitants du Ménil exprimèrent l'espoir que le droit de parcours leur serait continué suivant la coutume de Lorraine.

L'assemblée municipale des communautés du Ménil et de Demrupt, par une délibération du 26 avril 1789, après avoir exposé que

« *l'usage de brûler les gazons en labourant les terres commu-* « *nales est absolument pernicieu et qu'il occasionne le dépé-* « *rissement desdites terres et que s'il était continué il en* « *entraînerait infailliblement la ruine totale,* » demandait qu'il plût au tribunal compétent de l'autoriser à faire défense à toutes les personnes, de quelque qualité et condition qu'elles soient, de brûler désormais aucun gazon sur les terrains communaux.

Elle obtint cette autorisation des « *graces de Monseigneur l'Intendant* » et aussi celle de poursuivre en justice tous ceux qui enfreindraient cette défense.

Dans ce but, elle nomma, le 5 juillet suivant, pour « *bangards* « *pierre Noël, Jean Nicolas Briot et Thomas Creusot, tous* « *habitants demeurant au Ménil et Luc Chevrier et George* « *Sylvestre Colle, habitants de Demrupt.* »

Les contraventions constatées par lesdits *bangards* devaient faire l'objet de rapports rédigés par le greffier de la municipalité, après avoir recueilli les renseignements nécessaires.

Les sieurs Sébastien Philippe et Claude-Joseph Philippe, tous deux demeurant à Bussang, ayant fait fait publier au prône de la messe paroissiale du Ménil, le dimanche 10 mai 1789, qu'ensuite des permissions accordées par MM. de Guerre, avocat du roy au bailliage de Remiremont, et Févrel, juge tutélaire à Bruyères, la maison de feu Remy Philippe, maçon, en son vivant domicilié au Ménil, maison appartenant à ses héritiers, tant majeurs *que mineurs*, était à vendre, avec ses aisances et commodités, « *aux plus hauts metteurs et derniers enchérisseurs,* » l'assemblée municipale, par une délibération du 13 may 1789, fit des réserves au sujet de cette vente.

Cette assemblée déclarait que ledit feu Remy Philippe avait construit sa maison *clandestinement* sur les terres communales du Ménil, sans avoir, au préalable, averti la municipalité, et sans avoir obtenu l'autorisation requise; qu'il s'était approprié, auprès de sa maison, une certaine quantité de terrain communal ; que si l'usage de ladite maison lui avait été tacitement octroyé, ce n'avait été qu'en raison de son état d'indigence et pour lui seul.

Aussi, la même assemblée s'opposait-elle formellement à la vente du sol de la maison et des terres adjacentes, que les héritiers de Remy Philippe prétendaient leur appartenir. Elle reconnaissait aux héritiers l'unique droit de vendre « *leurs matières et constructions.* »

Par un décret, daté du 30 juin 1734, les communautés du Ménil et de Demrupt furent autorisées à vendre 100 jours de terrains communaux, pour les aider à payer leur église.

Cette vente fut faite par le ministère de Noble-Amé-Philippe Doyette, substitut d'Arches, commissaire désigné à cet effet. Le prix de vente devait être réparti de la manière suivante : deux tiers au profit de la communauté du Ménil et l'autre tiers au profit de celle de Demrupt.

Ces terrains communaux furent vendus au prix uniforme de 20 écus le jour, soit 120 livres. Cela faisait donc au total 12,000 livres.

III. — ADMINISTRATION.

LIMITES DE LA COMMUNAUTÉ.

Les limites de la communauté du Ménil-et-Demrupt ont été données précédemment, au début de ce travail.

SUBDÉLÉGATION DONT ELLE DÉPENDAIT.

La communauté du Ménil-et-Demrupt dépendait de la subdélégation et du bailliage de Remiremont, et de la prévôté d'Arches.

ADMINISTRATION COMMUNALE, MAIRES, ETC.

Par un édit du mois de juin 1787, le roy avait décrété que l'Administration des duchés de Lorraine et de Bar comprendrait désormais trois espèces d'assemblées : assemblées municipales dans les villes et les paroisses ; assemblées de districts dans les chefs-lieux de districts ; une assemblée provinciale séant à Nancy, à laquelle les autres devaient être subordonnées.

Les membres composant les assemblées municipales étaient élus au scrutin secret et à la pluralité des voix, par les électeurs de la communauté ou paroisse. Pour être électeur, il fallait être âgé de 25 ans, établi dans la paroisse depuis un an au moins, et posséder quelques *fonds*, à moins qu'on ne fût laboureur ou marcaire.

Les conditions suivantes étaient requises pour être éligible : avoir trente ans au moins, résider dans le lieu depuis deux ans, et posséder nécessairement quelques biens-fonds.

Nous reproduisons les instructions suivantes, intéressantes à plus d'un titre, contenues dans le billet de convocation, en date du 22 février 1789, de l'assemblée paroissiale, pour l'élection des membres qui devaient la composer :

« 1° *Chacun doit assé sentir combient il est interressant de* « *n'élire que ceux qui par leur prudence, leur bon esprit, in-* « *telligence et surtout par leur probité, seront les plus capa-* « *bles de bien administrer les affaires communales de cette* « *paroisse.*

« 2° *Chacun doit aussi se tenir pour avertit de se comporter* « *dans l'assemblée vis-à-vis du commissaire avec la décence et* « *le respect dus à toutes personnes chargées des ordres du Roy.*»

Signé : « *D. Claudel, prêtre vic. résidant, commissaire de l'élection* » !

Voici les noms des membres de la municipalité du Ménil qui furent élus, le 22 février 1789, d'après le procès-verbal de cette élection, laquelle eut lieu sous la présidence de M. Claudel, prêtre vicaire résident dudit lieu et commissaire du roy :

1° Nicolas Mourot, charpentier, tiré du nombre des représentants de la municipalité de Ramonchamp ; 2° Remi Thomas, huilier ; 3° Jean-Nicolas Peltier, manœuvre ; 4° Dominique Chevrier, marcaire ; 5° Sébastien Cunat, manœuvre, et 6° Jean-Nicolas Colle, aussi manœuvre.

Enfin, le même jour, les nouveaux membres de la municipalité élirent, également au scrutin secret et à la pluralité des voix, Claude Colle, marcaire, comme syndic, et pour greffier Nicolas Briot, charpentier.

Les procès-verbaux de ces deux élections sont signés par les élus, par M. le commissaire et le maire de la paroisse. Donc, le maire et le syndic étaient deux fonctionnaires distincts. Le dernier devait remplir l'office de percepteur des deniers de la communauté. Il est évident que le même individu pouvait être chargé de remplir cette double fonction.

FINANCES.

IMPOTS DUS AU SOUVERAIN : TAILLE, CAPITATION, VINGTIÈME, GABELLES, AIDES, ETC.

Voici d'abord un état de situation de caisse des communautés du Ménil et de Demrupt, au 27 juin 1739 :

Créances

Jean-Baptiste Peltier et sa femme Jeanne Adam doivent (*principal*)		800 liv.
Claude Colle et sa femme Marie Philippe (*principal*)		800 —
Pierre Philippe doit	id.	105 —
Luc Chonavel et Jean-Joseph Counot doivent	id.	4000 —
Jean Valdenaire doit	id.	4000 —
Total.		9705 liv.

Le tout par contrats de constitution passés par devant Me Besson, tabellion.

Dettes « passives »

Il est dû à Agathe Briot, veuve de Claude Thomas, du Ménil	1689^{l} 4^{d}
Id. à Nicolas Noël	825^{l}
Id. à Jean-Claude Cunat	700^{l}
1er total	3214^{l} 4^{d}

Les habitants du Ménil, conjointement avec ceux de Demrupt, doivent encore :

A Pierre Laurent, leur procureur fondé.	408^{l} 5^{s} 3^{d}
A Luc Noël, autre procureur fondé	716^{l} 5^{s}
Et à Jean-Claude Philippe.	714^{l}
2e total.	1838^{l} 10^{s} 3^{d}
Montant général des dettes.	5052^{l} 10^{s} 7^{d}

Voici ensuite un résumé d'un compte de gestion, présenté le 19 octobre 1788, par Nicolas-Maurice Peltier, syndic des mêmes communautés, pour la période comprise entre le 1er janvier 1788 et le 1er septembre de la même année, c'est à-dire pour 8 mois.

Les recettes s'élèvent à la somme totale de.	40^{l} 4^{s} 9^{d}
se décomposant ainsi :	
Reliquat du compte précédent.	39^{l} 2^{s} 9^{d}
Vente de débris du pont de la Scie	1^{l} 2^{s}
Total égal	40^{l} 4^{s} 9^{d}

Les dépenses, réparties en 11 articles, montent à la somme de : 47^{l} 2^{s} 10^{d}.

Parmi les dépenses, nous citerons les suivantes, qui présentent quelque intérêt :

Payé à Claude Claudel, collecteur de la communauté, les deux premiers quartiers du vingtième dû pour les biens communaux, 8 liv. 9 sols 9 deniers de France faisant 10 livres 19 sous 4 deniers de Lorraine . . . . 10^{l} 19^{s} 4^{d}

Payé à Nicolas Briot, du Ménil, pour ses honoraires de greffier du lieu, pendant la gérance du comptable, selon l'usage adopté par la communauté, 1 petit écu et 2 sous de France, dont la valeur au cours de Lorraine est de . . . . 4^{l} 1^{d}

Payé à Jean-Nicolas Philippe, pour prix de deux cahiers de papier, employé pour la confection des rôles et la rédaction de différents actes communaux . . . . 16^{s}

Puis le comptable rapporte qu'il a employé 2 journées, lors du tirage de la milice, pour conduire les garçons de son syndicat à Remiremont, par devant M. le Subdélégué, à une distance de cinq lieues. Quant au salaire de ces deux journées, il laisse à la « *prudence* » des membres de l'assemblée le soin de l'évaluer.

L'assemblée, lors de l'audition, suivant l'usage, alloue au comptable, pour ses deux journées . . . . 7^{l}15^{s}

Mais le comptable ayant réclamé une indemnité pour 7 journées pendant lesquelles il avait dû assister à des assemblées de ban, convoquées à Saint-Maurice, au Thillot, à Létraye et à Ramonchamp, la municipalité refusa de lui accorder aucun salaire, puisque l'usage est que les syndics des lieux ont toujours assisté aux assemblées de ban sans être rétribués.

Enfin, il est alloué au comptable pour avoir dressé, calculé le présent compte et payé un écrivain à cet effet . . . . 3^{l} 2^{s}

L'assemblée municipale vérifiait ensuite le compte et présentait ses observations, s'il y avait lieu. Puis le Bureau intermédiaire d'Epinal en faisait autant et arrêtait provisoirement le total des recettes et celui des dépenses. C'était l'Intendant de Lorraine et Barrois qui fixait définitivement le chiffre des recettes et celui des dépenses.

Pour la période que nous venons d'étudier, il y avait un excédent de dépenses de 6^{l} 14^{s} 1^{d}, parce que l'Intendant avait modéré l'article premier de la dépense à la somme de 4^{l} 12^{s} au lieu de 4^{l} 18^{s}.

Pour l'année 1787, voici les recettes et les dépenses totales, lesquelles sont relativement un peu plus élevées :

Recettes.	171^l 17^s 7^d
Dépenses	132^l 14^s 10^d
Excédent de recettes	39^l 2^s 9^d

Le syndic s'appelait Nicolas Mourot.

Nous trouvons, dans le mémoire, des plaintes et doléances de la paroisse du Ménil, que celle-ci payait, *pour la subvention*, une somme de . . . . 1570^l 13^s 1^d
C'était probablement l'impôt de la taille et de la capitation.

Pour le vingtième, la paroisse payait.	924^l 15^s
Pour le cens foncier, Id.	88^l 16^s 9^d
1er total. . .	2584^l 4^s 10^d

Au sujet de la gabelle et des aides, nous n'avons trouvé aucun renseignement sur le chiffre annuel de ces impôts. Cependant en ce qui concerne le premier, le mémoire des plaintes et doléances nous apprend que le sel, tiré des salines de Dieuze et de Moyenvic, après avoir traversé une partie de la Lorraine, ne se vendait que quatre sols la livre en Alsace, tandis que les habitants du Ménil la payaient six sols trois deniers et étaient obligés, après avoir gagné, par leurs sueurs, l'argent nécesaire pour en avoir une ou deux livres, de mettre une journée pour aller au magasin, situé à deux ou trois lieues de leur résidence.

En tenant compte de la dépréciation de l'argent, ces 6 sols 3 deniers vaudraient bien 15 sous actuellement. Si nous étions pourtant obligés de débourser cette somme pour avoir une livre de sel, un objet de consommation d'une aussi grande nécessité ; si nous étions surtout forcés d'en acheter, même quand nous n'en aurions pas besoin, nous jetterions de beaux cris !

Le tabac donnait lieu à une plainte semblable.

IMPOSITIONS DIVERSES

Ponts et chaussées	1661^l 16^s 8^d
Usages dans les forêts (3 francs par feu, les pauvres exceptés).	60^l
Droits de bois de chauffage (25 sols 6 deniers par feu, les pauvres exceptés)	225^l
Garde à cheval	36^l
A Reporter. . . .	1982^l 16^s 8^d

Report.	1982l 16s 8d
Cens foncier au Chapitre de Remiremont	40l 18s 7d
Dîmes au curé de Ramonchamp, sans compter celle des pommes de terre, laquelle était considérable, plus de	1000l
Dîme au chapitre de Remiremont (approximativement)	500l
Dîme sur la pomme de terre (approximativement) .	500l
Rente annuelle foncière au profit de l'église ou de la fabrique	109l 17s 6d
Total des impositions diverses connues	4133l 12s 9d
Total général des impôts annuels de toute nature, sans compter les aides et les gabelles non évaluées. .	6717l 17s 7d

JUSTICE.

PARLEMENT, PRÉSIDIAL, BAILLIAGE DONT DÉPENDAIT LA COMMUNAUTÉ EN 1789.

A la veille de la Révolution, la communauté du Ménil dépendait du parlement de Nancy, du présidial et du bailliage de Remiremont.

Pour donner une idée de la manière dont la justice était rendue à cette époque, nous ne pouvons mieux faire que de citer encore, à ce sujet, le mémoire des plaintes et doléances :

« *La lenteur et la multiplicité des procédures de Justice, de « même que les frais exhorbitants pour ces procédures sont « un fardeau le plus ruineu et le plus insupportable pour les « remontrants qui sont éloignés de six à sept lieues du pre- « mier siège de Justice. On ne peut vendre aucuns meubles « par encan public sans l'assistance d'un huissier, on ne peut « partager, vendre ni allienner aucuns biens de mineurs sans « la permission et l'autorisation des juges tutétaires, si on « veut vendre un quart, un dixième dans une maison ou « chaumière où il appartient quelques choses à un mineur il « faut après la permission obtenue que cette vente soit publiée « par un huissier qui fait trois voyages de six à sept lieues « et même davantage, en sorte que pour couper court la mai- « son ou partie d'icelle vendue, il se trouve souvent que le prix « n'est pas suffisant pour payer les procédures. Il n'arrive « pas moins souvent qu'un héritier ne prend pas assé dans « une succession pour payer tous les frais d'inventaire, de tu- « telle, de permission, de partage, expertise et contract, etc.* »

INSTRUCTION.

ÉCOLES, NOMS DES MAITRES, REVENUS DES ÉCOLES, REVENUS DES MAITRES.

On comprend qu'à la veille de la Révolution, l'instruction donnée aux enfants du Ménil était quelque peu rudimentaire.

Il y avait une école principale au centre du village et, ordinairement, deux écoles temporaires de hameaux, une aux Granges et l'autre à Travexin.

Nous avons trouvé, en compulsant les archives antérieures à 1789, que Jean Nicolas Noël et Luc Chonavel étaient maîtres d'école ou régents d'école en 1788. Selon toute probabilité, c'était le premier qui dirigeait l'école permanente, c'est-à-dire celle du centre.

L'école n'avait aucun revenu. D'après une convention du 23 mars 1776, le traitement du maître d'école, « *réglé sous le bon plaisir de Mgr l'Intendant* », se composait de 15 sols 6 deniers par ménage, du casuel de l'église et de « *ce qui lui était dû pour les fondations par la stipulation des contracts.* » De ce dernier chef, il recevait annuellement 19 livres pour répondre 38 messes. Le maître d'école avait deux affouages : l'un à titre d'habitant de la communauté, et l'autre comme greffier ou secrétaire de la municipalité.

Les maîtres d'école des hameaux étaient nourris, alternativement, par les parents des élèves. Ils restaient quelque fois deux jours, d'autres fois une semaine entière dans la même maison, suivant la générosité et l'aisance du propriétaire.

NOMBRE DES ÉVÈVES, ENSEIGNEMENT, DEGRÉ D'INSTRUCTION

L'école principale, celle du centre, ne comptait qu'un fort petit nombre d'élèves, relativement à la population : une vingtaine de garçons et une douzaine de filles.

Ces chiffres étaient encore plus faibles dans les écoles temporaires de hameaux.

Les élèves de ces dernières écoles se rendaient ordinairement à la grande école, environ un mois avant la première communion, afin de suivre avec plus de facilité les exercices et l'enseignement religieux qui avaient lieu chaque jour.

L'école du village n'était guère fréquentée que de la Toussaint à Pâques.

Nous venons de le dire, l'enseignement était rudimentaire. Il comprenait l'instruction religieuse, la lecture, l'écriture, le calcul, l'orthographe et, par exception, très peu de composition française.

Les livres ne manquaient pas pour l'enseignement de l'instruction religieuse. Il n'en était pas de même pour la lecture qui était donnée souvent à l'aide de vieux parchemins, d'almanachs ou même de l'*Histoire des quatre fils Aymon.*

Le calcul se donnait sur de petits cahiers. Lorsqu'un élève était embarrassé, il allait trouver le maître. Pour la majeure partie des élèves, le calcul se bornait à la pratique des quatre règles. Pour les autres, il était complété à l'aide de petits problèmes usuels.

Il y avait peu d'élèves pour étudier la grammaire.

L'enseignement de l'écriture était donné de la manière suivante : le maître traçait lui-même, chaque soir, sur tous les cahiers, le modèle de la leçon suivante. On ne connaissait pas l'usage du tableau noir !

Le tableau précédent de l'état civil, par *catégories de personnes qui ont déclaré ne savoir signer*, va nous servir à donner une idée de l'état de l'instruction, au Ménil, avant la Révolution.

Généralement, une personne qui ne sait pas écrire son nom ne sait pas lire non plus.

Avant 1789, pour une période de 12 années, comprenant 888 actes, 66 hommes et 255 femmes ont déclaré ne savoir signer.

A l'époque actuelle, pour une période d'égale durée, comprenant 1325 actes, 4 hommes et 9 femmes ont déclaré ne savoir faire qu'une croix ou une signature abrégée.

IV. — AGRICULTURE, INDUSTRIE, COMMERCE.

AGRICULTURE.

PRINCIPALES CULTURES EN 1789.

Il est hors de doute, qu'en 1789, on cultivait un peu de tout ce qui est indispensable dans un ménage, d'abord pour n'avoir à débourser que le moins possible d'argent, car celui-ci était rare, et ensuite parce qu'il était assez difficile de se procurer les denrées venant à manquer.

On cultivait surtout la pomme de terre, le seigle, très peu de blé de mars ou de printemps, de la navette, du chanvre, du lin.

Il y avait plus de champs qu'aujourd'hui ; mais, par contre, il y avait moins de prairies naturelles.

RENDEMENT DES RÉCOLTES.

En général, le rendement était au moins égal, sinon supérieur à celui de nos jours.

Les pommes de terre rapportaient plus, parce qu'elles ne pourrissaient pas.

Dans une statistique agricole, dressée par la municipalité du Ménil, le 15 novembre 1789, nous trouvons le renseignement qui suit : « *Il faut communément six gerbes pour faire la carte de Remiremont.* » La carte valait 15 litres.

FOIRES ET MARCHÉS EXISTANT DANS LA COMMUNE.

Il n'y a jamais eu, en aucun temps, de foires ni de marchés au Ménil.

COMMERCE DE DENRÉES AGRICOLES.

Le commerce des denrées agricoles était nul ou à peu près. On vendait quelquefois un peu de pommes de terre. Deux ou trois cultivateurs à peine vendaient peut-être de toutes petites quantités de seigle. Dans la commune du Ménil, on ne consommait point de froment, excepté pour les malades et les voyageurs.

PRIX DE LA JOURNÉE DE TRAVAIL.

Les meilleurs ouvriers agricoles gagnaient à peine un franc par jour. Les autres ouvriers pouvaient arriver à quinze sols. Les femmes gagnaient de 7 à 8 sous.

Quant à la nourriture qu'on donnait aux ouvriers agricoles, elle valait beaucoup moins qu'aujourd'hui ; de *la soupe, des pommes de terre, du lait caillé ou du fromage, quelquefois un peu de lard dans les bonnes maisons, jamais de vin.*

Quelle différence dans le gain, et surtout dans la nourriture, avec l'époque actuelle !

VALEUR RELATIVE DES MONNAIES.

La monnaie d'or était très rare dans la commune du Ménil. Il y avait le louis, qui valait 24 livres, le double louis, qui valait 48 livres et le demi-louis, 12 livres.

Les pièces en argent étaient : l'écu de 6 livres et celui de 3 livres, les pièces de 30 sols, de 24 sols, de 15 sols et de 12 sols. Il n'existait pas de pièce de 1 livre. La livre valait 0 fr. 99 centimes ou 80/81 de franc. Avec cette donnée, on peut facilement calculer la valeur actuelle des anciennes pièces de monnaie.

Il y avait deux pièces de billon : celle de 6 sols et celle de 6 liards.

Les quatre pièces en cuivre étaient : les pièces de 2 sols et de 1 sol, et celles de 2 liards et de 1 liard.

La livre se subdivisait en 20 sols, le sol en 4 liards et 12 deniers. Par conséquent, le liard valait 3 deniers.

Au Ménil, on employait aussi la piécette de 3 sols.

Le gros valait environ 8 deniers 1/2.

INDUSTRIE ET COMMERCE.

INDUSTRIES EXERCÉES DANS LA COMMUNAUTÉ CONCURREMMENT AVEC LA CULTURE ; LEUR IMPORTANCE ; LEUR PRODUCTION A LA VEILLE DE LA RÉVOLUTION.

A la veille de la Révolution, outre la culture, il n'y avait pas d'autre industrie que la fabrication du beurre, du fromage, des sabots. On tissait la toile de lin ou de chanvre nécessaire à chaque ménage. On filait du coton à la main. On gagnait 2 sous par écheveau de plus de 600 mètres de longueur Plus tard, on ne touchait plus qu'un sou par écheveau.

Ces diverses industries avaient bien peu d'importance et ne pouvaient rapporter qu'un faible revenu à ceux qui les exerçaient.

Après avoir fourni ce qui était nécessaire à la consommation et aux besoins des habitants de la localité, ces mêmes industries ne devaient plus posséder grand'chose pour l'exportation.

COMMERCES EXERCÉS DANS LA COMMUNE.

En 1789, il y avait peu ou point de commerce au Ménil, le beurre et le fromage exceptés.

Le beurre valait, en moyenne, 10 à 12 sous la livre. Le fromage se vendait à peine 20 francs le cent (50 kilog.). L'exportation était difficile. Un individu en conduisait, de temps à autre, à Nancy, avec une charrette !

La douzaine d'œufs valait 5 à 6 sous dans la bonne saison.

Des coquetiers levaient le beurre et les œufs et les conduisaient en Alsace.

Les porcs gras valaient de 25 à 30 fr. le cent (50 kilog.). Les belles vaches étaient bien moins chères qu'aujourd'hui ; elles se vendaient au plus 5 à 6 louis.

Le resal de pommes de terre était évalué à environ 3 ou 4 francs, et l'hectolitre de seigle se vendait de 20 à 25 francs.

Il y avait néanmoins un négociant, probablement un mercier, épicier. Mais son magasin ne renfermait sans doute que les articles de toute première nécessité.

LES DÉBITANTS ÉTAIENT-ILS AUSSI NOMBREUX QU'AUJOURD'HUI ?

Non, il n'y en avait que deux dans la commune.

VOIES DE COMMUNICATION.

ÉTAT DES VOIES DE COMMUNICATION EXISTANT SUR LE TERRITOIRE DE LA COMMUNE DU MÉNIL.

Il n'y avait que des chemins étroits ou mieux des sentiers, pour ainsi dire impraticables aux voitures, et en mauvais état.

PONTS. — CORVÉES. — PÉAGES.

Plusieurs ponts étaient construits, tant sur le ruisseau du Ménil que sur les Gouttes qui lui servent d'affluents, et avaient une importance plus ou moins grande.

Les deux ponts de Demrupt étaient construits en bois de sapin. Leur entretien était dispendieux pour la communauté. Le 21 mars 1790, la municipalité demande, par délibération, d'être autorisée à procéder à la réparation urgente de ces deux ponts, par adjudication publique, au rabais, pour payer moins cher, car la communauté déboursait pour la prestation représentative de la corvée plus de cinq cents francs. Elle demande également que le prix des réparations desdits ponts fût prélevé sur la caisse de la prestation de la corvée.

En 1741, Anthoine Martin de Chaumont, *chevalier*, *marquis de la Galaizière*, *chancelier*, *garde des sceaux*, *Intendant de justice*, *police et finances*, *marines*, *troupes*, *fortifications*, *et frontières de Lorraine et Barrois*, par une ordonnance, en date du 5 mai, obligea les habitants des communautés du Ménil et de Demrupt à participer aux frais du rétablissement du pont Saint-Remy (Ramonchamp), malgré la transaction du 12 septembre 1733.

Les habitants des communautés du Ménil étaient également tenus de travailler par corvées sur les routes du Ballon, dites de Saint-Maurice à Belfort et de Remiremont à Bussang. Ces corvées se montaient à des chiffres respectables : plus de cent livres annuellement.

Les habitants du Ménil étaient donc corvéables à merci.

POSTES ; MESSAGERIES ; MOYENS DE TRANSPORT A LA DISPOSITION DES HABITANTS DE LA COMMUNE.

Pour faire le trajet de Nancy au Ménil, et réciproquement, une lettre mettait six semaines. Il fallait aller chercher les correspondances à Remiremont. Il est facile de se figurer les progrès considérables qui ont été réalisés sous ce rapport.

Il n'existait ni messageries, ni aucun autre moyen de transport à la disposition des habitants de la paroisse du Ménil.

ASSISTANCE PUBLIQUE.

HOPITAUX, HOSPICES, ÉTABLISSEMENTS DE CHARITÉ. MENDICITÉ.

Il n'y avait ni hôpital, ni hospice, ni aucun établissement de charité au Ménil, à la veille de la Révolution.

Et cependant les mendiants étaient beaucoup plus nombreux qu'aujourd'hui. Un certain nombre d'entre eux ne faisaient rien autre chose que mendier. Néanmoins, il faut ajouter que, parmi ces mendiants, il y avait un certain nombre d'étrangers.

Pour donner une idée de la masse de ces mendiants, il suffit de rappeler qu'au jour de la fête patronale, une personne de chaque ménage était obligée de rester en permanence à la cuisine pour les recevoir et les servir.

MONUMENTS EXISTANT SUR LE TERRITOIRE DU MÉNIL A LA VEILLE DE LA RÉVOLUTION.

Eglise. — L'adjudication de l'église eut lieu le 4 novembre 1733. Le sieur Fleurantin Viriot, d'Epinal, entrepreneur de l'église de Bussang, où il réside, fut déclaré adjudicataire pour la somme de 4000 livres, monnaie de Lorraine, payables comme suit : 1000 francs la 1/2 de l'ouvrage fait ; 1000 francs quand les murailles de la nef seront faites ; 1000 francs quand la tour sera faite, et 1000 francs à la réception de l'ouvrage visité par expert. Les murailles seront construites à la fin du mois d'août 1734. Les habitants devaient fournir à l'entrepreneur les matériaux sur les lieux. De plus, ils s'engageaient à faire 200 journées de manœuvres à la réquisition dudit Viriot.

Maison commune et d'école. — Voici la copie du procès-verbal d'une enchère au rabais, faite au Ménil, pour la construction d'une maison commune et d'école :

« *Cejourd'hui vingt-trois d'avril mil sept cent trente-six,* « *ensuite de la publication de l'enchère de la main-d'œuvre de* « *la maison d'escole du Ménil et Demrupt faite au prône de* « *la Chapelle du Ménil, le huit du mois d'avril mil sept cent* « *trente six, elle a été laissée à l'éteinte de la chandelle, a* « *Claude Colle du Ménil, pour la somme de quarante huit* « *écus a trois livres. Le sieur Colle s'est chargé de la faire* « *suivant le devis à lui donné et par lui signé et lesdits habi-* « *tants du Ménil et Demrupt sont chargez et s'obligent de lui* « *fournir tous les matériaux sur place, ledit Claude Colle se* « *soubmet la rendre parfaite a dit d'expert s'il eschait, et y* « *travailler toujours et aussitôt qu'ils lui fourniront les ma-* « *tériaux et y faire une cheminée comme il convient, enfin* « *conformément au dessein. — En foi de quoi ont signez.* »

Presbytère. — Adjudication de la *cure, maison curialle, presbiteralle,* le 25 octobre 1734. La maçonnerie est adjugée à Fleurantin Viriot pour 2050 livres ; la *charpenterie*, à Dominique Thomas du Ménil pour 490 livres ; les ferrements généralement nécessaires, à Jean-Nicolas Boileaux, maître maréchal au Thillot, pour 400 moins une livres ; le vitrage est laissé au sieur Nicolas Delon, marchand de vitres, pour 44 écus. « *Le bâtiment de la cure devait être en Estat de couvrit le quinzième du mois Daoust de Lannée mil sept cent trente cinq et achevé pour la St-Martin la même année.* »

TABLE DES MATIÈRES

www.ingramcontent.com/pod-product-compliance
Ingram Content Group UK Ltd.
Pitfield, Milton Keynes, MK11 3LW, UK
UKHW022141170726
13837UKWH00004B/1712